메가스터디 N제

격 수학 Ⅰ | 3점 공략

243제

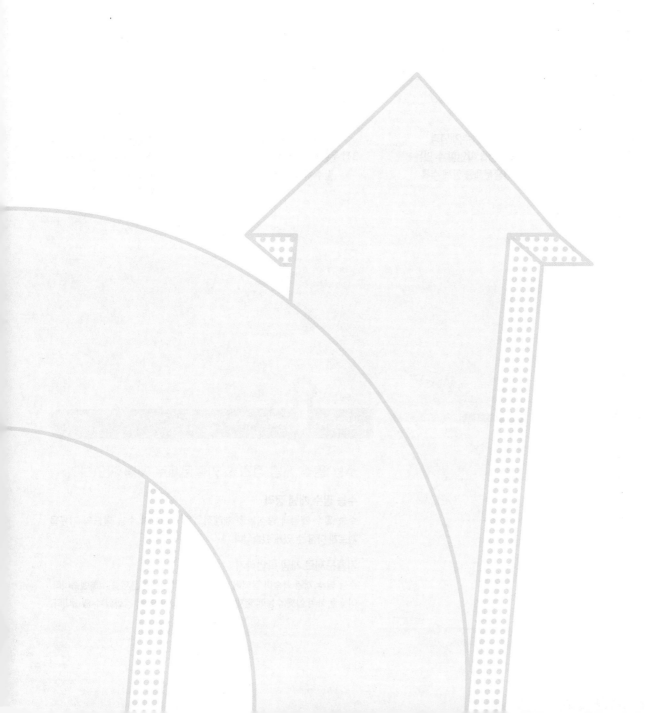

이 책의 구성과 특징

높아진 공통과목의
중요성만큼이나
높아진 공통과목의 난도

▶ ▶ ▶

난도가 높아질수록 탄탄한 기본기가 필요합니다.
기본이 탄탄해야 3점 문항들은 물론 고난도 문항을 풀 수 있는 힘이 생깁니다.
메가스터디 N제 3점 공략의 **STEP 1, 2, 3**의 단계를 차근차근 밟으면
탄탄한 기본을 바탕으로 고난도 문항에 도전할 수 있는 종합적 사고력을 기를 수 있습니다.

메가스터디 N제 **수학I** 3점 공략은

최신 평가원,
수능 트렌드를 반영한
문제 출제

수능 필수 개념과
그 개념을 확인할 수 있는
기출문제를 함께 수록

수능에 기본이 되는
3점 문항을 철저히 분석하여
필수 유형을 선정

필수 유형에 대한
대표 기출과 유형별 예상 문제를
수록하여 유형을 집중적으로
연습하고 실전에 대비

STEP **1**

수능 필수 개념 정리 & 기출문제로 개념 확인하기

수능 필수 개념 정리
수능 필수 개념과 공식들을 체계적으로 정리하여 수능 학습의 기본을
빠르게 다질 수 있게 했습니다.

기출문제로 개념 확인하기
수능 필수 개념 학습이 잘되어 있는지 확인하는 기출문제를 수록했습니다.
이를 통하여 실제 수능에 출제되는 개념에 대한 이해를 강화할 수 있습니다.

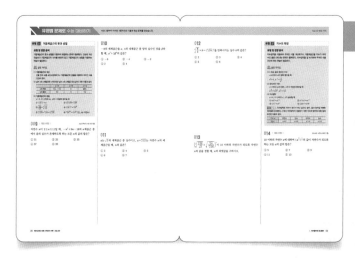

STEP 2

유형별 문제로 수능 대비하기

유형 및 출제 경향 분석

기출문제를 분석하여 필수 유형을 분류하고, 각 필수 유형에 대한 출제 경향을 제시했습니다.

실전 가이드

각 유형의 문제 풀이에 유용한 공식, 풀이 방법, 접근법 등 실전에 활용할 수 있는 내용들을 실전 가이드로 제시했습니다.

대표 유형

각 유형을 대표하는 수능, 평가원, 교육청 기출문제를 수록하여 유형에 대한 이해를 높이고 실전 감각을 키울 수 있게 했습니다.

예상 문제

출제 가능성이 높은 기본 3점부터 어려운 3점까지의 예상 문제를 수록하여 수능의 기본이 되는 3점 문항에 대한 집중적인 연습이 가능하게 했습니다.

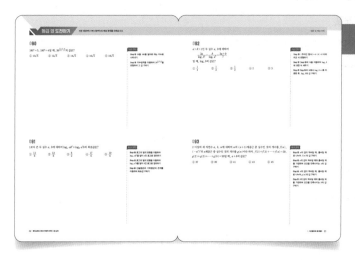

STEP 3

등급 업 도전하기

등급 업 문제

쉬운 4점부터 기본 4점까지의 예상 문제를 수록하여 개념에 대한 심화 학습이 가능하게 했습니다. 이를 통해 자신의 약점을 보완하여 더 높은 등급에 도전할 수 있게 했습니다.

해결 전략

문제 풀이에 핵심이 되는 단계별 해결 전략을 제시하여 고난도 문항에 대한 적응력을 기를 수 있게 했습니다.

이제는 고난도 문항에 대한 실전 연습이다!

메가스터디 N제 3점 공략으로 기본을 탄탄하게 다졌다면,
메가스터디 N제 4점 공략을 이용한 심화 유형 연습으로 상위권에 도전하자!

고난도 유형에 대한 대표 기출문제와 다양한 4점 수준 예상 문제를 수록하여
최고 등급에 도전할 수 있는 실전 감각을 쌓을 수 있게 했습니다.

이 책의 **차례**

I

지수함수와 로그함수

수능 출제 포커스

- 거듭제곱근의 성질과 지수법칙을 이용하는 기본적인 계산 문제는 자주 출제되고 있으므로 계산 과정에서 실수하지 않도록 주의해야 한다.
- 로그의 뜻과 성질, 밑의 변환 등 로그를 이용하여 식을 변형하여 해결하는 문제가 출제될 수 있다.
- 지수함수와 로그함수의 그래프의 성질과 기본 도형 개념을 이용하는 활용 문제가 출제될 수 있으므로 지수법칙과 로그의 밑의 변환 등 기본적인 개념들과 함께 그래프에서 필요한 정보를 찾는 연습을 많이 해 두어야 한다.

기출 및 핵심 예상 문제수

기출문제	수능 대비 예상 문제	등급 업 문제	합계
21	68	9	98

I 지수함수와 로그함수

1 거듭제곱근의 성질

$a>0$, $b>0$이고 m, n이 2 이상의 자연수일 때

(1) $(\sqrt[n]{a})^n=a$

(2) $\sqrt[n]{a}\,\sqrt[n]{b}=\sqrt[n]{ab}$

(3) $\dfrac{\sqrt[n]{a}}{\sqrt[n]{b}}=\sqrt[n]{\dfrac{a}{b}}$

(4) $(\sqrt[n]{a})^m=\sqrt[n]{a^m}$

(5) $\sqrt[m]{\sqrt[n]{a}}=\sqrt[mn]{a}=\sqrt[n]{\sqrt[m]{a}}$

(6) $\sqrt[np]{a^{mp}}=\sqrt[n]{a^m}$ (단, p는 자연수)

2 지수의 확장

(1) 지수가 0 또는 음의 정수인 경우

$a\neq 0$이고 n이 양의 정수일 때

$$a^0=1,\ a^{-n}=\dfrac{1}{a^n}$$

(2) 지수가 유리수인 경우

$a>0$이고 m, n $(n\geq 2)$가 정수일 때

$$a^{\frac{m}{n}}=\sqrt[n]{a^m},\ a^{\frac{1}{n}}=\sqrt[n]{a}$$

(3) 지수법칙

$a>0$, $b>0$이고 x, y가 실수일 때

① $a^x a^y=a^{x+y}$

② $a^x \div a^y=a^{x-y}$

③ $(a^x)^y=a^{xy}$

④ $(ab)^x=a^x b^x$

3 로그

(1) 로그의 정의

$a>0$, $a\neq 1$, $N>0$일 때

$$a^x=N \Longleftrightarrow x=\log_a N$$

(2) 로그의 성질

$a>0$, $a\neq 1$, $M>0$, $N>0$일 때

① $\log_a 1=0$, $\log_a a=1$

② $\log_a MN=\log_a M+\log_a N$

③ $\log_a \dfrac{M}{N}=\log_a M-\log_a N$

④ $\log_a N^k=k\log_a N$ (단, k는 실수)

(3) 로그의 밑의 변환

$a>0$, $a\neq 1$, $b>0$일 때

① $\log_a b=\dfrac{\log_c b}{\log_c a}$ (단, $c>0$, $c\neq 1$)

② $\log_a b=\dfrac{1}{\log_b a}$ (단, $b\neq 1$)

(4) 로그의 여러 가지 성질

$a>0$, $a\neq 1$, $b>0$, $c>0$, $c\neq 1$일 때

① $\log_{a^m} b^n=\dfrac{n}{m}\log_a b$ (단, m, n은 실수, $m\neq 0$)

② $a^{\log_c b}=b^{\log_c a}$

③ $a^{\log_a b}=b$

4 지수함수 $y=a^x$ $(a>0,\ a\neq 1)$의 성질

(1) ① 정의역 : 실수 전체의 집합

② 치역 : 양의 실수 전체의 집합

(2) ① $a>1$일 때, x의 값이 증가하면 y의 값도 증가한다.

② $0<a<1$일 때, x의 값이 증가하면 y의 값은 감소한다.

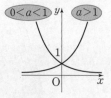

(3) 그래프는 점 $(0,\ 1)$을 항상 지나고, 점근선은 x축 (직선 $y=0$)이다.

5 지수에 미지수를 포함한 방정식과 부등식

$a>0$, $a\neq 1$일 때

(1) 지수에 미지수를 포함한 방정식

① $a^{f(x)}=b \Longleftrightarrow f(x)=\log_a b$ (단, $b>0$)

② $a^{f(x)}=a^{g(x)} \Longleftrightarrow f(x)=g(x)$

(2) 지수에 미지수를 포함한 부등식

① $a>1$일 때

$$a^{f(x)}<a^{g(x)} \Longleftrightarrow f(x)<g(x)$$

② $0<a<1$일 때

$$a^{f(x)}<a^{g(x)} \Longleftrightarrow f(x)>g(x)$$

6 로그함수 $y=\log_a x$ $(a>0,\ a\neq 1)$의 성질

(1) ① 정의역: 양의 실수 전체의 집합

② 치역: 실수 전체의 집합

(2) ① $a>1$일 때, x의 값이 증가하면 y의 값도 증가한다.

② $0<a<1$일 때, x의 값이 증가하면 y의 값은 감소한다.

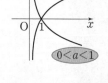

(3) 그래프는 점 $(1,\ 0)$을 항상 지나고, 점근선은 y축 (직선 $x=0$)이다.

(4) 그래프는 지수함수 $y=a^x$의 그래프와 직선 $y=x$에 대하여 대칭이다.

7 로그의 진수에 미지수를 포함한 방정식과 부등식

$a>0$, $a\neq 1$일 때

(1) 로그의 진수에 미지수를 포함한 방정식

① $\log_a f(x)=b \Longleftrightarrow f(x)=a^b$ (단, $f(x)>0$)

② $\log_a f(x)=\log_a g(x) \Longleftrightarrow f(x)=g(x)$

(단, $f(x)>0$, $g(x)>0$)

(2) 로그의 진수에 미지수를 포함한 부등식

① $a>1$일 때

$$\log_a f(x)<\log_a g(x) \Longleftrightarrow 0<f(x)<g(x)$$

② $0<a<1$일 때

$$\log_a f(x)<\log_a g(x) \Longleftrightarrow f(x)>g(x)>0$$

001
2023학년도 수능

$\left(\dfrac{4}{2^{\sqrt{2}}}\right)^{2+\sqrt{2}}$의 값은?

① $\dfrac{1}{4}$　　　　② $\dfrac{1}{2}$　　　　③ 1

④ 2　　　　⑤ 4

002
2022학년도 평가원 6월

$\log_4 \dfrac{2}{3} + \log_4 24$의 값을 구하시오.

003
2020학년도 평가원 6월

$\log_2 5 = a$, $\log_5 3 = b$일 때, $\log_5 12$를 a, b로 옳게 나타낸 것은?

① $\dfrac{1}{a} + b$　　　② $\dfrac{2}{a} + b$　　　③ $\dfrac{1}{a} + 2b$

④ $a + \dfrac{1}{b}$　　　⑤ $2a + \dfrac{1}{b}$

004
2021년 시행 교육청 4월

$0 \le x \le 4$에서 함수 $f(x) = \left(\dfrac{1}{3}\right)^{x-2} + 1$의 최댓값은?

① 2　　　　② 4　　　　③ 6

④ 8　　　　⑤ 10

005
2020년 시행 교육청 3월

방정식 $\left(\dfrac{1}{4}\right)^{-x} = 64$를 만족시키는 실수 x의 값은?

① -3　　　② $-\dfrac{1}{3}$　　　③ $\dfrac{1}{3}$

④ 3　　　　⑤ 9

006
2021년 시행 교육청 7월

부등식 $5^{2x-7} \le \left(\dfrac{1}{5}\right)^{x-2}$을 만족시키는 자연수 x의 개수는?

① 1　　　　② 2　　　　③ 3

④ 4　　　　⑤ 5

007
2020년 시행 교육청 4월

함수 $y = a + \log_2 x$의 그래프가 점 $(4, 7)$을 지날 때, 상수 a의 값은?

① 1　　　　② 2　　　　③ 3

④ 4　　　　⑤ 5

008
2023학년도 평가원 6월

방정식 $\log_2 (x+2) + \log_2 (x-2) = 5$를 만족시키는 실수 x의 값을 구하시오.

유형 **1** 거듭제곱근의 뜻과 성질

유형 및 경향 분석

거듭제곱근의 뜻과 성질을 이용하여 해결하는 문제가 출제된다. 단순한 계산 연습보다 거듭제곱근의 의미를 분명히 알고 거듭제곱근의 성질을 적용하는 연습이 필요하다.

📖 실전 가이드

(1) 거듭제곱근의 계산

근호 안의 수를 소인수분해하거나 거듭제곱근의 성질을 이용하여 주어진 식을 간단히 한다.

(2) 실수 a의 n제곱근은 n개이지만 실수 a의 n제곱근 중 실수인 것은 다음과 같다.

	$a>0$	$a=0$	$a<0$
n이 짝수	$\sqrt[n]{a}$, $-\sqrt[n]{a}$	0	없다.
n이 홀수	$\sqrt[n]{a}$	0	$\sqrt[n]{a}$

(3) 거듭제곱근의 성질

$a>0$, $b>0$이고 m, n이 2 이상의 정수일 때

① $(\sqrt[n]{a})^n=a$ ② $\sqrt[n]{a}\sqrt[n]{b}=\sqrt[n]{ab}$

③ $\dfrac{\sqrt[n]{a}}{\sqrt[n]{b}}=\sqrt[n]{\dfrac{a}{b}}$ ④ $(\sqrt[n]{a})^m=\sqrt[n]{a^m}$

⑤ $\sqrt[m]{\sqrt[n]{a}}=\sqrt[mn]{a}=\sqrt[n]{\sqrt[m]{a}}$ ⑥ $\sqrt[np]{a^{mp}}=\sqrt[n]{a^m}$ (단, p는 자연수)

009 | 대표 유형 |

2021학년도 평가원 6월

자연수 n이 $2\le n\le 11$일 때, $-n^2+9n-18$의 n제곱근 중에서 음의 실수가 존재하도록 하는 모든 n의 값의 합은?

① 31   ② 33   ③ 35

④ 37   ⑤ 39

010

-8의 세제곱근을 α, 4의 네제곱근 중 양의 실수인 것을 β라 할 때, $\alpha^3+3\beta^2$의 값은?

① -6 ② -4 ③ -2

④ 2   ⑤ 4

011

a는 $\sqrt{3}$의 세제곱근 중 실수이고, $a\times\sqrt[6]{12}$는 자연수 n의 세제곱근일 때, n의 값은?

① 3   ② 4   ③ 5

④ 6   ⑤ 7

012

$\sqrt[3]{\dfrac{8}{3}} \times k = (\sqrt[3]{24})^2$을 만족시키는 실수 k의 값은?

① 2   ② 3   ③ 4

④ 5   ⑤ 6

013

$\left(\sqrt[3]{\dfrac{\sqrt[4]{32}}{\sqrt{2}}} \times \sqrt{\dfrac{\sqrt[6]{4}}{\sqrt[12]{16}}}\right)^n$이 10 이하의 자연수가 되도록 자연수 n의 값을 정할 때, n의 최댓값을 구하시오.

유형 2 지수의 확장

유형 및 경향 분석

지수법칙을 이용하여 주어진 식을 계산하거나 거듭제곱근을 지수가 유리수인 꼴로 나타내는 문제가 출제된다. 지수법칙을 잘 숙지하여 주어진 식을 간단히 하는 연습이 필요하다.

📖 실전 가이드

(1) 0 또는 음의 정수인 지수

$a \neq 0$이고 n이 양의 정수일 때

$a^0 = 1$, $a^{-n} = \dfrac{1}{a^n}$

(2) 유리수인 지수

$a > 0$이고 m이 정수, n이 2 이상의 정수일 때

$a^{\frac{m}{n}} = \sqrt[n]{a^m}$, $a^{\frac{1}{n}} = \sqrt[n]{a}$

(3) 지수법칙

$a > 0$, $b > 0$이고 x, y가 실수일 때

① $a^x a^y = a^{x+y}$ ② $a^x \div a^y = a^{x-y}$

③ $(a^x)^y = a^{xy}$ ④ $(ab)^x = a^x b^x$

만점 Tip ▶ 지수법칙은 지수가 정수가 아닌 실수인 경우, 밑이 양수일 때에만 정의됨에 유의한다. a^n에서 지수법칙이 성립하기 위한 지수의 범위에 따른 밑의 조건은 다음과 같다.

지수 n	자연수	정수	유리수	실수
밑 a	$a \neq 0$	$a \neq 0$	$a > 0$	$a > 0$

---

014 | 대표 유형 |

2019년 시행 교육청 3월

10 이하의 자연수 a에 대하여 $\left(a^{\frac{2}{3}}\right)^{\frac{1}{2}}$의 값이 자연수가 되도록 하는 모든 a의 값의 합은?

① 5   ② 7   ③ 9

④ 11   ⑤ 13

015

$\sqrt{\dfrac{16^2+4^5+1}{8^4+4^5+4}}=2^k$을 만족시키는 유리수 k의 값은?

① -2 ② -1 ③ $-\dfrac{1}{2}$

④ 1 ⑤ 2

016

$(a^{-2})^4\times(a^k)^{-2}\div(a^{\sqrt{7}}\times a^{-5-\sqrt{7}})=a^3$이 성립할 때, 정수 k의 값은? (단, $a\neq0$, $a\neq1$)

① -6 ② -3 ③ 1

④ 3 ⑤ 6

017

2 이상의 자연수 m에 대하여 $\left(\dfrac{2}{2^{\sqrt{3}}}\right)^{1+\sqrt{3}}\times(\sqrt[m]{4})^3$의 값이 자연수가 되도록 하는 모든 정수 m의 개수는?

① 1 ② 2 ③ 3

④ 4 ⑤ 5

018

$81=\sqrt{a}$, $8=\sqrt[3]{b}$를 만족시키는 두 양수 a, b에 대하여 $72^{15}=a^m b^n$이 성립할 때, $4(m+n)$의 값을 구하시오.

(단, m, n은 유리수이다.)

019

이차방정식 $4x^2-8x+3=0$의 두 근을 α, β라 할 때, $(81^\alpha)^\beta+\sqrt[3]{8^\alpha}\times\sqrt[3]{8^\beta}$의 값을 구하시오.

유형 3 로그의 뜻과 성질

유형 및 경향 분석

로그의 뜻과 성질을 이용한 계산 문제나 식의 값을 구하는 문제가 출제된다. 로그의 성질을 이해하고 적용하는 연습이 필요하다.

📖 실전 가이드

(1) 로그의 정의

$a>0$, $a\neq1$, $N>0$일 때

$a^x=N \iff x=\log_a N$

(2) $\log_a N$이 정의되기 위한 조건

① 밑의 조건: $a>0$, $a\neq1$

② 진수의 조건: $N>0$

(3) 로그의 성질

$a>0$, $a\neq1$, $M>0$, $N>0$일 때

① $\log_a 1=0$, $\log_a a=1$

② $\log_a MN=\log_a M+\log_a N$

③ $\log_a \dfrac{M}{N}=\log_a M-\log_a N$

④ $\log_a N^k=k\log_a N$ (단, k는 실수)

---

020 | 대표 유형 |

2022학년도 수능 예시문항

두 양수 x, y가

$\log_2 (x+2y)=3$, $\log_2 x+\log_2 y=1$

을 만족시킬 때, x^2+4y^2의 값을 구하시오.

021

양수 a에 대하여 $\log_4 2a=\dfrac{5}{4}$일 때, a^2의 값을 구하시오.

022

$27^{a+1}\times9^{b-1}=30$일 때, $3a+2b$의 값은?

① $\log_3 10$ ② $\log_3 12$ ③ 3

④ 6   ⑤ 12

023

세 자연수 a, b, c에 대하여

$$a \log_{800} 2 + b \log_{800} 5 = c$$

일 때, $a+2b+3c$의 값은? (단, a와 b는 서로소이다.)

① 8   ② 9   ③ 10

④ 11   ⑤ 12

024

모든 실수 x에 대하여 $\log_a(x^2+2ax+6a)$의 값이 존재하도록 하는 모든 정수 a의 값의 합은?

① 10   ② 12   ③ 14

④ 16   ⑤ 18

유형 4 로그의 밑의 변환

유형 및 경향 분석

로그의 밑의 변환을 이용하여 식을 변형한 다음 로그의 성질을 이용하여 식의 값을 구하는 문제가 출제된다.

실전 가이드

$a>0$, $a \neq 1$, $b>0$, $b \neq 1$, $N>0$일 때

① $\log_a N = \dfrac{\log_b N}{\log_b a}$

② $\log_a N = \dfrac{1}{\log_N a}$ (단, $N \neq 1$)

③ $\log_{a^m} N^n = \dfrac{n}{m} \log_a N$ (단, m, n은 실수, $m \neq 0$)

④ $a^{\log_b N} = N^{\log_b a}$

⑤ $a^{\log_a N} = N$

025 | 대표 유형 |

2024학년도 평가원 9월

두 실수 a, b가

$$3a+2b = \log_3 32, \quad ab = \log_9 2$$

를 만족시킬 때, $\dfrac{1}{3a} + \dfrac{1}{2b}$의 값은?

① $\dfrac{5}{12}$ ② $\dfrac{5}{6}$ ③ $\dfrac{5}{4}$

④ $\dfrac{5}{3}$ ⑤ $\dfrac{25}{12}$

026

$(\log_2 3 + \log_8 9)(\log_3 2 + \log_9 8)$의 값은?

① 1   ② $\dfrac{3}{2}$ ③ $\dfrac{8}{3}$

④ 4   ⑤ $\dfrac{25}{6}$

027

$\log_{10} 2 = a$, $\log_{10} 3 = b$라 할 때, $\log_5 36$을 a, b로 옳게 나타낸 것은?

① $\dfrac{a-2b}{a+b}$　　② $\dfrac{a+2b}{a+b}$　　③ $\dfrac{a+2b}{1-a}$

④ $\dfrac{2(a-b)}{1-a}$　　⑤ $\dfrac{2(a+b)}{1-a}$

028

1이 아닌 양수 a, x에 대하여 등식

$$\frac{3}{\log_2 x} + \frac{2}{\log_3 x} + \frac{1}{\log_6 x} = \frac{1}{\log_a x}$$

이 성립할 때, $\log_6 3a$의 값은?

① $2\sqrt{3}$　　② 4　　③ $3\sqrt{2}$

④ $2\sqrt{5}$　　⑤ $2\sqrt{6}$

029

이차방정식 $x^2 - 6x + 2 = 0$의 두 근이 $\log_3 a$, $\log_3 b$일 때, $\log_a b + \dfrac{1}{\log_a b}$의 값을 구하시오.

030

1이 아닌 서로 다른 세 양수 a, b, c가
$$a^2 = b^3 = c^5$$
을 만족시킬 때, $\log_{\frac{b}{a}} b + \log_{\frac{c}{b}} c + \log_{\frac{a}{c}} a$의 값은?

① $-\dfrac{13}{6}$　　② -2　　③ $-\dfrac{11}{6}$

④ $-\dfrac{5}{3}$　　⑤ $-\dfrac{3}{2}$

031

1이 아닌 두 양수 a, b에 대하여

$$ab=81, \quad \log_3 a = \log_b 27$$

을 만족시키는 모든 $\dfrac{b}{a}$의 값의 합은?

① $\dfrac{26}{3}$ ② $\dfrac{79}{9}$ ③ $\dfrac{80}{9}$

④ 9 ⑤ $\dfrac{82}{9}$

032

1이 아닌 서로 다른 두 양수 a, b가

$$(\log_a b)^2 = \log_{\sqrt{ab}} b$$

를 만족시킬 때, $\log_b a$의 값은?

① $-\dfrac{5}{2}$ ② -2 ③ $-\dfrac{3}{2}$

④ -1 ⑤ $-\dfrac{1}{2}$

유형 5 상용로그

유형 및 경향 분석

상용로그와 로그의 성질을 이용하여 계산하는 문제가 출제된다.

실전 가이드

(1) 상용로그의 뜻

밑을 10으로 하는 로그를 상용로그라 한다. 이때 상용로그 $\log_{10} N$은 보통 밑 10을 생략하여 $\log N$과 같이 나타낸다.

(2) 양수 A에 대하여 $\log A = k$이고, n은 실수일 때

① $\log A^n = nk$

② $\log (10^n \times A) = n + k$

033 | 대표 유형 |

2020년 시행 교육청 3월

$10 \le x < 1000$인 실수 x에 대하여 $\log x^3 - \log \dfrac{1}{x^2}$의 값이 자연수가 되도록 하는 모든 x의 개수를 구하시오.

034

$\log 3.14 = 0.4969$일 때, $\log 314^2 = A$이고 $\log B = -1.5031$이다. $A + 10B$의 값은?

① 5.3068 ② 5.3078 ③ 5.3088

④ 5.3098 ⑤ 5.3108

035

$10^{1.5575}=36.1$, $10^{-0.556}=0.278$임을 이용하여
$\log{(361 \times 0.00278)}^{10000}$의 값을 구하시오.

036

1보다 크고 100보다 작은 서로 다른 두 자연수 m, n에 대하여
$\log m - \log n$의 값이 정수가 되도록 하는 순서쌍 (m, n)의
개수는?

① 10   ② 12   ③ 14
④ 16   ⑤ 18

유형 6 지수함수의 뜻과 성질

유형 및 경향 분석

지수함수의 뜻과 성질을 이용하여 함숫값을 구하는 문제, 지수함수의 그래프의 평행이동 또는 대칭이동에 대한 문제가 출제된다.

📖 실전 가이드

(1) 지수함수 $y=a^x$ $(a>0,\ a\neq1)$의 성질
  ① 정의역은 실수 전체의 집합이고, 치역은 양의 실수 전체의 집합이다.
  ② $a>1$일 때, x의 값이 증가하면 y의 값도 증가한다.
      $0<a<1$일 때, x의 값이 증가하면 y의 값은 감소한다.
  ③ 그래프는 점 $(0,\ 1)$을 항상 지나고, x축(직선 $y=0$)을 점근선으로 한다.
(2) 지수함수의 그래프의 평행이동과 대칭이동
  지수함수 $y=a^x$ $(a>0,\ a\neq1)$의 그래프를
  ① x축의 방향으로 m만큼, y축의 방향으로 n만큼 평행이동한 그래프의 식:
      $y=a^{x-m}+n$
  ② x축에 대하여 대칭이동한 그래프의 식: $y=-a^x$
  ③ y축에 대하여 대칭이동한 그래프의 식: $y=a^{-x}=\left(\dfrac{1}{a}\right)^x$
  ④ 원점에 대하여 대칭이동한 그래프의 식: $y=-a^{-x}$

037 | 대표 유형 |

2023년 시행 교육청 4월

함수 $y=4^x$의 그래프를 x축의 방향으로 1만큼, y축의 방향으로 a만큼 평행이동한 그래프가 점 $\left(\dfrac{3}{2},\ 5\right)$를 지날 때, 상수 a의 값을 구하시오.

038

두 곡선 $y=2^{x+3}$, $y=\left(\dfrac{1}{2}\right)^{x+1}$ 이 y축과 만나는 점을 각각 A, B라 할 때, 선분 AB의 길이는?

① $\dfrac{13}{2}$ 　　② 7 　　③ $\dfrac{15}{2}$

④ 8 　　⑤ $\dfrac{17}{2}$

039

함수 $y=2^{x-3}+5$의 그래프를 직선 $y=x$에 대하여 대칭이동한 그래프의 점근선이 함수 $y=2^{x-3}+5$의 그래프와 만날 때, 이 교점의 y좌표는?

① 8 　　② 9 　　③ 10

④ 11 　　⑤ 12

040

함수 $y=3^x$의 그래프를 x축의 방향으로 -1만큼, y축의 방향으로 a만큼 평행이동한 그래프가 두 점 $(0,\,6)$, $(b,\,30)$을 지날 때, $a+b$의 값은?

① 4 　　② 5 　　③ 6

④ 7 　　⑤ 8

041

함수 $y=2^x$의 그래프를 x축에 대하여 대칭이동한 후, x축의 방향으로 a만큼, y축의 방향으로 b만큼 평행이동한 그래프가 원점을 지나고 점근선의 방정식은 $y=4$이다. a^2+b^2의 값을 구하시오.

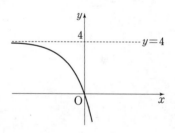

042

함수 $f(x)=a^x$ $(a>0,\ a\neq1)$에 대하여 | 보기 |에서 옳은 것만을 있는 대로 고른 것은?

| 보기 |

ㄱ. 함수 $y=f(x)$의 그래프와 함수 $y=a^{1-x}$의 그래프는 제1사분면에서 만난다.

ㄴ. 함수 $y=f(x)$의 그래프와 함수 $y=\left(\dfrac{1}{a}\right)^{x-a}$의 그래프는 제1사분면에서 만난다.

ㄷ. 함수 $y=f(x)+f(a-x)$의 그래프는 직선 $x=\dfrac{a}{2}$에 대하여 대칭이다.

① ㄱ   ② ㄱ, ㄴ   ③ ㄱ, ㄷ
④ ㄴ, ㄷ   ⑤ ㄱ, ㄴ, ㄷ

043

지수함수 $y=a^{2x+m}+3$ $(a>0)$의 그래프가 a의 값에 관계없이 항상 점 $(-2,\ n)$을 지날 때, $m+n$의 값은?

(단, m은 상수이다.)

① 4   ② 5   ③ 6
④ 7   ⑤ 8

유형 7   지수함수의 그래프의 활용

유형 및 경향 분석

주어진 조건을 만족시키는 지수함수의 그래프 위의 점을 구하거나 두 지수함수의 그래프가 만나는 점을 구한 후 선분의 길이나 도형의 넓이를 구하는 문제, 두 지수함수의 그래프의 위치 관계를 이용하는 문제가 출제된다.

📖 실전 가이드

(1) 지수함수 $y=a^x$ $(a>0,\ a\neq1)$의 그래프와 직선이 만나는 점의 좌표를 구하여 문제를 해결한다.

(2) 두 지수함수의 그래프가 만나는 점의 좌표를 구하여 문제를 해결한다.

044 | 대표 유형 |

2021학년도 평가원 9월

곡선 $y=2^{ax+b}$과 직선 $y=x$가 서로 다른 두 점 A, B에서 만날 때, 두 점 A, B에서 x축에 내린 수선의 발을 각각 C, D라 하자. $\overline{AB}=6\sqrt{2}$이고 사각형 ACDB의 넓이가 30일 때, $a+b$의 값은? (단, a, b는 상수이다.)

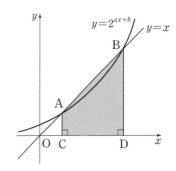

① $\dfrac{1}{6}$ ② $\dfrac{1}{3}$ ③ $\dfrac{1}{2}$
④ $\dfrac{2}{3}$ ⑤ $\dfrac{5}{6}$

045

그림과 같이 두 함수 $y=3^x$, $y=3^x+3$의 그래프와 두 직선 $x=-1$, $x=1$로 둘러싸인 부분의 넓이는?

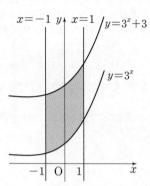

① 4

② $\dfrac{14}{3}$

③ $\dfrac{16}{3}$

④ 6

⑤ $\dfrac{20}{3}$

046

그림과 같이 1보다 큰 세 실수 a, b, k에 대하여 직선 $y=k$ 가 두 곡선 $y=a^x$, $y=b^x$과 만나는 점을 각각 A, B라 하고, 직선 $y=k$와 y축이 만나는 점을 C라 하자. $\overline{AC} : \overline{AB}=1 : 3$ 일 때, a, b 사이의 관계식으로 옳은 것은?

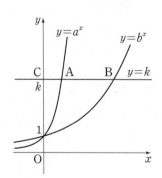

① $b=\sqrt{a}$

② $b=\sqrt[3]{a}$

③ $b=\sqrt[4]{a}$

④ $b=a^2$

⑤ $b=a^3$

047

그림과 같이 곡선 $y=2^{x+1}$ 위의 점 A에 대하여 점 A를 지나고 y축에 평행한 직선이 곡선 $y=2^{x-3}$ 및 x축과 만나는 점을 각각 B, C라 하자. 또한, 점 A를 지나고 x축에 평행한 직선이 곡선 $y=2^{x-3}$과 만나는 점을 D라 하자. $\overline{AC}=2\overline{AD}$일 때, 삼각형 ABD의 넓이는?

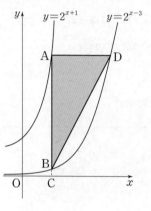

① 13

② 15

③ 17

④ 19

⑤ 21

048

그림과 같이 두 곡선 $y=4^x+k$, $y=-\left(\dfrac{1}{4}\right)^x+1$이 서로 다른 두 점 A, B에서 만난다. 선분 AB의 중점의 좌표가 $\left(0, -\dfrac{5}{4}\right)$일 때, 상수 k의 값은?

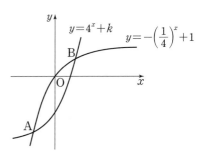

① $-\dfrac{7}{2}$ ② -3 ③ $-\dfrac{5}{2}$

④ -2 ⑤ $-\dfrac{3}{2}$

049

그림과 같이 좌표평면에서 직선 $y=k\,(k>2)$가 y축과 만나는 점을 P, 두 함수 $y=2^x$, $y=\dfrac{2^x}{8}$의 그래프와 만나는 점을 각각 Q, R라 하면 $\overline{PQ}=\overline{QR}$이다. 두 함수 $y=2^x$, $y=\dfrac{2^x}{8}$의 그래프가 y축과 만나는 점을 각각 S, T라 할 때, 사각형 QSTR의 넓이는?

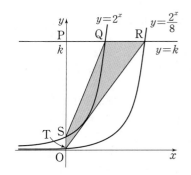

① $\dfrac{101}{8}$ ② $\dfrac{103}{8}$ ③ $\dfrac{105}{8}$

④ $\dfrac{107}{8}$ ⑤ $\dfrac{109}{8}$

유형 8 지수함수의 최대·최소

유형 및 경향 분석

지수함수의 성질과 그래프를 이용하여 어떤 범위에서 지수함수의 최댓값 또는 최솟값을 구하는 문제와 a^x $(a>0, a\neq1)$ 꼴을 여러 개 포함한 함수 또는 합성함수의 최댓값 또는 최솟값을 구하는 문제가 출제된다.

🔖 실전 가이드

지수함수 $y=a^{f(x)}$ $(a>0, a\neq1)$의 그래프는 $a>1$일 때에는 x의 값이 증가하면 y의 값도 증가하고, $0<a<1$일 때에는 x의 값이 증가하면 y의 값은 감소하므로 다음을 이용하여 최댓값 또는 최솟값을 구한다.

(1) $a>1$일 때
 $f(x)$의 값이 최대이면 $y=a^{f(x)}$의 값도 최대이고,
 $f(x)$의 값이 최소이면 $y=a^{f(x)}$의 값도 최소이다.

(2) $0<a<1$일 때
 $f(x)$의 값이 최대이면 $y=a^{f(x)}$의 값은 최소이고,
 $f(x)$의 값이 최소이면 $y=a^{f(x)}$의 값은 최대이다.

참고 a^x 꼴이 반복되는 함수의 최대·최소
$a^x=t$ $(t>0)$로 치환한 후 t의 값의 범위 내에서 최댓값 또는 최솟값을 구한다.

---

050 | 대표 유형 |
2021학년도 평가원 6월

$-1\leq x\leq3$에서 함수 $f(x)=2^{|x|}$의 최댓값과 최솟값의 합은?

① 5 ② 7 ③ 9
④ 11 ⑤ 13

051

$-3\leq x\leq2$에서 함수 $f(x)=2\times\left(\dfrac{2}{3}\right)^x$의 최댓값을 M, 최솟값을 m이라 할 때, $M\times m$의 값은?

① 2 ② 4 ③ 6
④ 8 ⑤ 10

052

$\log_9 4\leq x\leq\log_3 8$에서 함수 $f(x)=9^x$의 최댓값을 M, 최솟값을 m이라 할 때, $\dfrac{M}{m}$의 값은?

① 8 ② 10 ③ 12
④ 14 ⑤ 16

053

함수 $f(x)=3^{x^2+1}\times 4^{1-x^2}$은 $x=a$에서 최댓값 M을 갖는다. $a+M$의 값은?

① 11 ② 12 ③ 13

④ 14 ⑤ 15

054

$-1\leq x\leq 2$에서 함수 $y=\left(\dfrac{1}{4}\right)^x-\left(\dfrac{1}{2}\right)^{x-1}+2$의 최댓값과 최솟값을 각각 M, m이라 할 때, M^2+m^2의 값을 구하시오.

유형 9 지수에 미지수를 포함한 방정식과 부등식

유형 및 경향 분석

지수의 성질에서 밑의 조건이나 지수의 조건을 이용하여 지수에 미지수를 포함한 방정식 또는 부등식의 해를 구하는 문제가 출제된다.

실전 가이드

(1) 지수에 미지수를 포함한 방정식의 풀이
　$a>0$, $a\neq 1$일 때
　$a^{f(x)}=a^{g(x)}\Longleftrightarrow f(x)=g(x)$

(2) 지수에 미지수를 포함한 부등식의 풀이
　$a>1$일 때, $a^{f(x)}<a^{g(x)}\Longleftrightarrow f(x)<g(x)$
　$0<a<1$일 때, $a^{f(x)}<a^{g(x)}\Longleftrightarrow f(x)>g(x)$

참고 a^x 꼴이 반복되는 경우의 방정식 또는 부등식의 풀이
$a^x=t$ $(t>0)$로 치환하여 t에 대한 방정식 또는 부등식의 해를 구한 후, 구해진 t의 값 또는 그 값의 범위를 이용하여 $x=\log_a t$의 값 또는 그 값의 범위를 구한다.

055 | 대표 유형 |
2024학년도 평가원 6월

부등식 $2^{x-6}\leq\left(\dfrac{1}{4}\right)^x$을 만족시키는 모든 자연수 x의 값의 합을 구하시오.

056

부등식 $\left(\dfrac{1}{5}\right)^{x^2+1}\geq\left(\dfrac{1}{25}\right)^{-x+8}$의 해가 $\alpha\leq x\leq\beta$일 때, $\beta-\alpha$의 값을 구하시오.

057

방정식 $\left(\dfrac{1}{4}\right)^x - 3 \times \left(\dfrac{1}{2}\right)^{x-1} + 8 = 0$의 두 근을 α, β라 할 때, $\alpha^2 + \beta^2$의 값을 구하시오.

058

부등식 $4^x - 3 \times 2^{x+2} + 32 < 0$의 해가 $\alpha < x < \beta$일 때, $4^\alpha + 4^\beta$의 값을 구하시오.

059

부등식 $18 \times \left(\dfrac{3}{2}\right)^{2x-1} - 10 \times \left(\dfrac{3}{2}\right)^{x+1} - 27 \le 0$을 만족시키는 자연수 x의 개수를 구하시오.

060

실수 k에 대하여 두 실수 x, y는 각각
$$3^x = 3^k + 4, \quad 3^y = 3^{-k} + 4$$
를 만족시킨다. $x + y = 4$일 때, $3^x + 3^y$의 값은?

① 23   ② 24   ③ 25
④ 26   ⑤ 27

061

x에 대한 방정식 $4^x - a \times 2^{x+1} + a^2 + a - 12 = 0$이 서로 다른 두 실근을 갖도록 하는 정수 a의 개수는?

① 6   ② 7   ③ 8
④ 9   ⑤ 10

유형 10 로그함수의 뜻과 성질

유형 및 경향 분석

로그함수의 뜻과 성질을 이용하여 함숫값을 구하는 문제, 로그함수의 그래프의 평행이동 또는 대칭이동에 대한 문제, 로그함수와 지수함수가 서로 역함수 관계임을 이용하여 해결하는 문제가 출제된다.

실전 가이드

(1) 로그함수 $y=\log_a x$ $(a>0, a\neq 1)$의 성질
 ① 정의역은 양의 실수 전체의 집합이고, 치역은 실수 전체의 집합이다.
 ② $a>1$일 때, x의 값이 증가하면 y의 값도 증가한다.
  $0<a<1$일 때, x의 값이 증가하면 y의 값은 감소한다.
 ③ 그래프는 점 $(1, 0)$을 항상 지나고, 그래프는 y축 (직선 $x=0$)을 점근선으로 한다.
 ④ 지수함수 $y=a^x$ $(a>0, a\neq 1)$의 역함수는 로그함수 $y=\log_a x$이므로 두 함수 $y=a^x$, $y=\log_a x$의 그래프는 직선 $y=x$에 대하여 대칭이다.
(2) 로그함수의 그래프의 평행이동과 대칭이동
 로그함수 $y=\log_a x$ $(a>0, a\neq 1)$의 그래프를
 ① x축의 방향으로 m만큼, y축의 방향으로 n만큼 평행이동한 그래프의 식:
  $y=\log_a (x-m)+n$
 ② x축에 대하여 대칭이동한 그래프의 식: $y=-\log_a x$
 ③ y축에 대하여 대칭이동한 그래프의 식: $y=\log_a (-x)$
 ④ 원점에 대하여 대칭이동한 그래프의 식: $y=-\log_a (-x)$
 ⑤ 직선 $y=x$에 대하여 대칭이동한 그래프의 식: $y=a^x$

062 | 대표 유형 |

2024학년도 평가원 6월

상수 a $(a>2)$에 대하여 함수 $y=\log_2 (x-a)$의 그래프의 점근선이 두 곡선 $y=\log_2 \dfrac{x}{4}$, $y=\log_{\frac{1}{2}} x$와 만나는 점을 각각 A, B라 하자. $\overline{AB}=4$일 때, a의 값은?

① 4 ② 6 ③ 8
④ 10 ⑤ 12

063

점근선이 직선 $x=2$인 함수 $y=\log_2 (x+a)$의 그래프가 점 $(b, 4)$를 지날 때, $b-a$의 값은? (단, a, b는 상수이다.)

① 12 ② 14 ③ 16
④ 18 ⑤ 20

064

함수 $y=3\log_3 |x-27|$의 그래프와 직선 $y=9$가 만나는 서로 다른 두 점을 각각 P, Q라 할 때, 선분 PQ의 길이는?

① 46 ② 48 ③ 50
④ 52 ⑤ 54

065

함수 $y=\log(9-x^2)$의 정의역을 집합 A라 하고, 함수 $y=\log(2-\log_2 x)$의 정의역을 집합 B라 할 때, 집합 $A \cap B$의 원소 중 정수의 개수는?

① 1 ② 2 ③ 3
④ 4 ⑤ 5

066

함수 $y=\log_7 7(x-2)$의 그래프는 함수 $y=7^x$의 그래프를 x축의 방향으로 a만큼, y축의 방향으로 b만큼 평행이동한 후 직선 $y=x$에 대하여 대칭이동한 것이다. $10a+b$의 값을 구하시오.

067

함수 $y=2^{1-x}+2$의 그래프를 y축에 대하여 대칭이동한 후 x축의 방향으로 m만큼 평행이동한 그래프가 함수 $y=\log_2 4x$의 그래프를 x축의 방향으로 2만큼, y축의 방향으로 1만큼 평행이동한 그래프와 직선 $y=x$에 대하여 대칭일 때, m의 값은?

① 1 ② 2 ③ 3
④ 4 ⑤ 5

068

1보다 큰 실수 a에 대하여 좌표평면에서 점 P$(45, 2)$를 지나고 x축과 평행한 직선이 곡선 $y=\log_a x$와 만나는 점을 Q라 할 때, 선분 PQ의 길이는 36이다. 점 P를 지나고 y축에 평행한 직선이 곡선 $y=\log_a x$와 만나는 점 R에 대하여 선분 PR의 길이를 b라 할 때, 모든 b의 값의 합은?

① $\dfrac{1}{6}\log_3 5+1$　　　　② $\dfrac{1}{3}\log_3 5+1$

③ $\dfrac{1}{2}\log_3 5+1$　　　　④ $\dfrac{2}{3}\log_3 5+1$

⑤ $\dfrac{5}{6}\log_3 5+1$

유형 11 로그함수의 그래프의 활용

유형 및 경향 분석

주어진 조건을 만족시키는 로그함수의 그래프에서 점의 좌표, 선분의 길이, 도형의 넓이를 구하는 문제, 지수함수와 로그함수가 역함수 관계일 때의 그래프 사이의 관계를 이용하는 문제가 출제된다.

실전 가이드

(1) 로그함수 $y=\log_a x\,(a>0,\ a\ne1)$의 그래프와 직선이 만나는 점의 좌표를 구하여 문제를 해결한다.

(2) 두 로그함수의 그래프가 만나는 점의 좌표를 구하여 문제를 해결한다.

(3) 서로 역함수 관계인 지수함수의 그래프와 로그함수의 그래프가 주어진 경우 두 함수의 그래프가 직선 $y=x$에 대하여 대칭임을 이용한다.

069 | 대표 유형 |

2021학년도 수능

$\dfrac{1}{4}<a<1$인 실수 a에 대하여 직선 $y=1$이 두 곡선 $y=\log_a x$, $y=\log_{4a} x$와 만나는 점을 각각 A, B라 하고, 직선 $y=-1$이 두 곡선 $y=\log_a x$, $y=\log_{4a} x$와 만나는 점을 각각 C, D라 하자. | 보기 |에서 옳은 것만을 있는 대로 고른 것은?

┌ 보기 ├

ㄱ. 선분 AB를 $1:4$로 외분하는 점의 좌표는 $(0, 1)$이다.

ㄴ. 사각형 ABCD가 직사각형이면 $a=\dfrac{1}{2}$이다.

ㄷ. $\overline{AB}<\overline{CD}$이면 $\dfrac{1}{2}<a<1$이다.

① ㄱ　　　　② ㄷ　　　　③ ㄱ, ㄴ

④ ㄴ, ㄷ　　　　⑤ ㄱ, ㄴ, ㄷ

070

그림과 같이 직선 $y=4$가 두 곡선 $y=2^x$, $y=\log_2 x$와 만나는 점을 각각 P, Q라 하자. 선분 PQ의 중점이 $\mathrm{M}(a, b)$일 때, $a+b$의 값은?

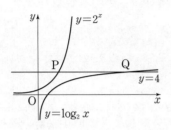

① 9   ② 10   ③ 11

④ 12   ⑤ 13

071

그림과 같이 곡선 $y=3^x$이 y축과 만나는 점을 A, 곡선 $y=\log_3 (x-1)$이 x축과 만나는 점을 B라 하자. 점 A를 지나고 x축에 평행한 직선이 곡선 $y=\log_3 (x-1)$과 만나는 점을 C, 점 B를 지나고 y축에 평행한 직선이 곡선 $y=3^x$과 만나는 점을 D라 할 때, 사각형 ABCD의 넓이는?

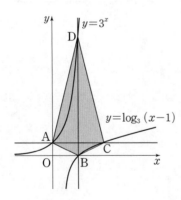

① 12   ② 15   ③ 18

④ 20   ⑤ 24

072

그림과 같이 직선 $x=a \ (a>1)$이 두 곡선 $y=\log_2 x$, $y=\log_{\frac{1}{4}} x$와 만나는 점을 각각 P, Q라 하고, 점 $\mathrm{R}(a, 0)$에 대하여 선분 PR와 선분 QR를 각각 한 변으로 하는 정사각형의 넓이를 각각 S, T라 하자. $S-T=12$일 때, 상수 a의 값을 구하시오.

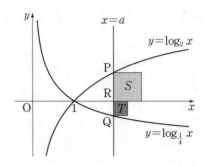

073

그림과 같이 로그함수 $y=2\log_3 x$의 그래프 위의 한 점 $A(n,\ 2\log_3 n)$을 지나고 y축에 평행한 직선 l이 로그함수 $y=\log_{\frac{1}{3}} x$의 그래프와 만나는 점을 B라 하자. $3<\overline{AB}<12$를 만족시키는 자연수 n의 개수는?

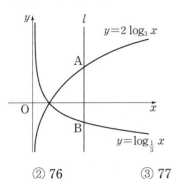

① 75 ② 76 ③ 77

④ 78 ⑤ 79

074

곡선 $y=a\log_2 x$ 위의 점 P가 제1사분면 위에 있다. 선분 OP의 중점 M이 두 곡선 $y=a\log_2 x$, $y=5^x-5$가 만나는 점 중 제1사분면 위의 점과 같을 때, 상수 a의 값을 구하시오. (단, O는 원점이다.)

075

1이 아닌 양수 a에 대하여 그림과 같이 지수함수 $f(x)=a^x$의 그래프와 로그함수 $g(x)=\log_a x$의 그래프가 서로 다른 두 점 P, Q에서 만난다. 점 P를 중심으로 하는 원이 원점 O와 점 Q를 지날 때, a^6의 값을 구하시오.

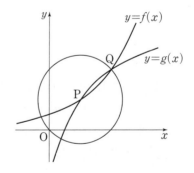

076

그림과 같이 로그함수 $y=\log_2 x$의 그래프 위의 한 점 $A(a, \log_2 a)$ $(a>1)$을 지나고 y축 및 x축에 평행한 두 직선이 로그함수 $y=\log_2 px$ $(p>1)$의 그래프와 만나는 점을 각각 B, C라 하자. $\overline{AB}=2$이고 삼각형 ABC의 넓이가 6일 때, 상수 a의 값을 구하시오.

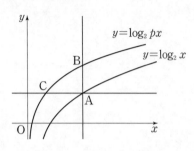

077

좌표평면 위에 세 점 $A(4, 3)$, $B(3, 6)$, $C(6, 6)$을 연결하여 만든 삼각형 ABC가 있다. 곡선 $y=\log_a(x-1)+1$이 삼각형 ABC와 만나기 위한 상수 a의 최댓값을 M, 최솟값을 m이라 할 때, M^2+m^{10}의 값을 구하시오.

유형 12 로그함수의 최대·최소

유형 및 경향 분석

로그함수의 성질과 그래프를 이용하여 어떤 범위에서 로그함수의 최댓값 또는 최솟값을 구하는 문제와 $\log_a x$ $(a>0, a\neq 1)$ 꼴을 여러 개 포함한 함수 또는 합성함수의 최댓값 또는 최솟값을 구하는 문제가 출제된다.

실전 가이드

로그함수 $y=\log_a f(x)$ $(a>0, a\neq 1, f(x)>0)$의 최대·최소

(1) $a>1$일 때
$f(x)$의 값이 최대이면 $y=\log_a f(x)$의 값도 최대이고,
$f(x)$의 값이 최소이면 $y=\log_a f(x)$의 값도 최소이다.

(2) $0<a<1$일 때
$f(x)$의 값이 최대이면 $y=\log_a f(x)$의 값은 최소이고,
$f(x)$의 값이 최소이면 $y=\log_a f(x)$의 값은 최대이다.

참고 $\log_a x$ 꼴이 반복되는 함수의 최대·최소
$\log_a x=t$로 치환한 후 최댓값 또는 최솟값을 구한다.
이때 t의 값의 범위에 주의해야 한다.

078 | 대표 유형 |

2021학년도 평가원 6월

함수
$$f(x)=2\log_{\frac{1}{2}}(x+k)$$
가 $0\leq x\leq 12$에서 최댓값 -4, 최솟값 m을 갖는다. $k+m$의 값은? (단, k는 상수이다.)

① -1 ② -2 ③ -3

④ -4 ⑤ -5

079

함수

$$y=(\log_2 x)^2+6\log_{\frac{1}{2}} x+15$$

가 $2\le x\le 16$에서 $x=a$일 때, 최솟값 b를 갖는다. $a+b$의 값은?

① 10 ② 12 ③ 14

④ 16 ⑤ 18

080

함수

$$y=\log_5 (1+x)+\log_5 (9-x)$$

가 $0\le x\le 5$에서 최댓값 M, 최솟값 m을 갖는다. 5^{Mm}의 값을 구하시오.

081

두 함수 $f(x)$, $g(x)$를

$$f(x)=\log_{\frac{1}{3}} x,\ g(x)=x^2-2x+3$$

이라 하자. $\dfrac{1}{27}\le x\le 1$에서 함수 $(g\circ f)(x)$의 최댓값을 M, 최솟값을 m이라 할 때, Mm의 값은?

① 6 ② 8 ③ 10

④ 12 ⑤ 14

082

함수

$$y=(\log_2 x)\left(\log_{\frac{1}{2}} \frac{x}{32}\right)-\log_2 x+6$$

이 $1\le x\le 8$에서 최댓값 M, 최솟값 m을 갖는다. $M+m$의 값은?

① 14 ② 15 ③ 16

④ 17 ⑤ 18

유형 13 로그의 진수에 미지수를 포함한 방정식과 부등식

유형 및 경향 분석

로그의 성질과 로그의 정의를 이용하여 로그의 진수에 미지수를 포함한 방정식 또는 부등식의 해를 구하는 문제가 출제된다. 이때 밑과 진수의 조건에 유의해야 한다.

실전 가이드

(1) 로그의 진수에 미지수를 포함한 방정식의 풀이

$a > 0$, $a \neq 1$일 때

$\log_a f(x) = \log_a g(x) \iff f(x) = g(x)$, $f(x) > 0$, $g(x) > 0$

(2) 로그의 진수에 미지수를 포함한 부등식의 풀이

$a > 1$일 때, $\log_a f(x) < \log_a g(x) \iff 0 < f(x) < g(x)$

$0 < a < 1$일 때, $\log_a f(x) < \log_a g(x) \iff f(x) > g(x) > 0$

참고 $\log_a x$ 꼴이 반복되는 경우의 방정식 또는 부등식의 풀이

$\log_a x = t$로 치환하여 t에 대한 방정식 또는 부등식의 해를 구한 후, 구해진 t의 값 또는 그 값의 범위를 이용하여 $x = a^t$의 값 또는 그 값의 범위를 구한다.

083 | 대표 유형 |

2020학년도 평가원 6월

이차함수 $y = f(x)$의 그래프와 직선 $y = x - 1$이 그림과 같을 때, 부등식

$$\log_3 f(x) + \log_{\frac{1}{3}} (x-1) \leq 0$$

을 만족시키는 모든 자연수 x의 값의 합을 구하시오.

(단, $f(0) = f(7) = 0$, $f(4) = 3$)

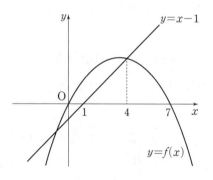

084

그림과 같이 최고차항의 계수가 1인 이차함수 $y = f(x)$의 그래프와 x축이 두 점 $(0, 0)$, $(4, 0)$에서 만난다.

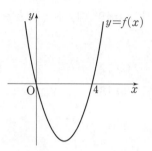

부등식 $\log_2 f(x) \leq \log_2 (x+14)$를 만족시키는 정수 x의 개수는?

① 3   ② 4   ③ 5

④ 6   ⑤ 7

085

부등식 $\log_{\frac{1}{2}} x > \log_{\frac{1}{4}} (6x+16)$을 만족시키는 자연수 x의 최댓값과 최솟값의 합은?

① 7   ② 8   ③ 9

④ 10   ⑤ 11

086

방정식 $\log_4 2(x+1)=\dfrac{1}{2}+\log_2 |x-1|$의 모든 실근의 합은?

① 3 ② 4 ③ 5

④ 6 ⑤ 7

087

방정식 $\log_3 (3^{2x}+8)=x+\log_3 6$의 모든 실근의 합은?

① $\log_3 2$ ② $\log_3 4$ ③ $\log_3 6$

④ $\log_3 8$ ⑤ $\log_3 10$

088

방정식 $\log_3 x=6\log_x 3+1$의 두 근 α, β $(\alpha<\beta)$에 대하여 $\dfrac{1}{\alpha}+\beta$의 값은?

① 18 ② 24 ③ 30

④ 36 ⑤ 42

089

x에 대한 이차방정식 $x^2-x\log_{\sqrt{2}} 4a+9=0$이 실근을 갖도록 하는 정수 a의 최솟값은?

① -2 ② -1 ③ 1

④ 2 ⑤ 3

090

$180^x = 5$, $180^y = 4$일 때, $36^{\frac{2-x-y}{2(1-x)}}$의 값은?

① $10\sqrt{5}$ ② $12\sqrt{5}$ ③ $14\sqrt{5}$ ④ $16\sqrt{5}$ ⑤ $18\sqrt{5}$

해결 **전략**

Step ❶ 36을 180을 밑으로 하는 지수로 나타내기

Step ❷ 지수법칙을 이용하여 $36^{\frac{2-x-y}{2(1-x)}}$을 변형하여 그 값 구하기

091

1보다 큰 두 실수 a, b에 대하여 $\log_{a^3} ab^2 + \log_{b^2} a^3 b$의 최솟값은?

① $\dfrac{11}{6}$ ② $\dfrac{13}{6}$ ③ $\dfrac{5}{2}$ ④ $\dfrac{17}{6}$ ⑤ $\dfrac{19}{6}$

해결 **전략**

Step ❶ 로그의 밑의 변환을 이용하여 $\log_{a^3} ab^2$을 밑이 a인 로그로 정리하기

Step ❷ 로그의 밑의 변환을 이용하여 $\log_{b^2} a^3 b$를 밑이 b인 로그로 정리하기

Step ❸ 산술평균과 기하평균의 관계를 이용하여 최솟값 구하기

092

$a>b>1$인 두 실수 a, b에 대하여

$$\frac{3a}{\log_a b^2}=\frac{b}{\log_b a^3}=\frac{3a+b}{7}$$

일 때, $\log_a b$의 값은?

① $\frac{1}{4}$　　　　② $\frac{1}{3}$　　　　③ $\frac{1}{2}$　　　　④ 2　　　　⑤ 3

해결 전략

Step ① (주어진 등식)$=k$ $(k>0)$이라 하고 식 변형하기

Step ② **Step ①**의 식을 이용하여 $\log_a b$에 대한 식 세우기

Step ③ **Step ②**의 식에서 $\log_a b=t$로 치환한 후, $\log_a b$의 값 구하기

093

2 이상의 세 자연수 a, b, n에 대하여 n의 $(n+3)$제곱근 중 실수인 것의 개수를 $f(n)$, $(-n^2)^n$의 n제곱근 중 실수인 것의 개수를 $g(n)$이라 하자. $f(2)+f(3)+\cdots+f(a)=39$, $g(2)+g(3)+\cdots+g(b)=20$일 때, $a+b$의 값은?

① 37　　　　② 39　　　　③ 41　　　　④ 43　　　　⑤ 45

해결 전략

Step ① n의 값이 짝수일 때, 홀수일 때로 나누어 $f(n)$의 값 구하기

Step ② a의 값이 짝수일 때와 홀수일 때를 가정하여 조건을 만족시키는 a의 값 구하기

Step ③ n의 값이 짝수일 때, 홀수일 때로 나누어 $g(n)$의 값 구하기

Step ④ b의 값이 짝수일 때와 홀수일 때를 가정하여 조건을 만족시키는 b의 값 구하기

094

그림과 같이 점 $P(k, 0)$에서 x축에 수직인 직선이 두 함수 $y=\log_2 x$, $y=\log_2 (x-4)$의 그래프와 만나는 점을 각각 A, B라 하자. $2\overline{AB}=\overline{BP}$일 때, 두 함수 $y=\log_2 x$, $y=\log_2 (x-4)$의 그래프와 두 직선 $y=0$, $y=\log_2 k$로 둘러싸인 부분의 넓이는?

(단, $k>5$)

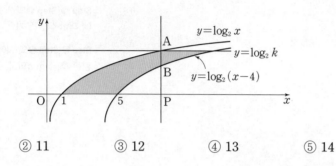

① 10　　　② 11　　　③ 12　　　④ 13　　　⑤ 14

해결 전략

Step ❶ $2\overline{AB}=\overline{BP}$임을 이용하여 식을 세운 후, k의 값 구하기

Step ❷ 함수 $y=\log_2 (x-4)$의 그래프가 함수 $y=\log_2 x$의 그래프를 x축의 방향으로 평행이동한 것임을 이용하여 주어진 도형의 넓이 구하기

095

1보다 큰 실수 a에 대하여 그림과 같이 함수 $y=a^x$의 그래프와 y축이 만나는 점을 A, 함수 $y=a^x-2$의 그래프와 x축이 만나는 점을 B라 하고, 점 B를 지나고 x축에 수직인 직선이 함수 $y=a^x$의 그래프와 만나는 점을 C라 하자. 삼각형 ABC가 정삼각형일 때, $\log_4 a$의 값은?

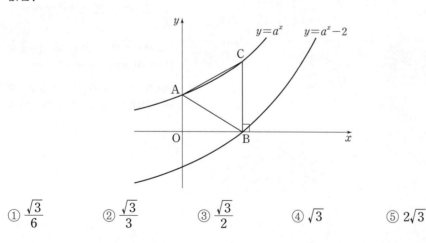

① $\dfrac{\sqrt{3}}{6}$　　　② $\dfrac{\sqrt{3}}{3}$　　　③ $\dfrac{\sqrt{3}}{2}$　　　④ $\sqrt{3}$　　　⑤ $2\sqrt{3}$

해결 전략

Step ❶ 함수 $y=a^x-2$의 그래프가 함수 $y=a^x$의 그래프를 평행이동한 것임을 이용하여 정삼각형 ABC의 한 변의 길이 구하기

Step ❷ 선분 AB의 길이를 이용하여 $\log_a 2$의 값 구하기

Step ❸ $\log_a 2$의 값을 이용하여 $\log_4 a$의 값 구하기

096

그림과 같이 두 함수 $y=\log_2 x$, $y=2^x$의 그래프가 있다. 함수 $y=\log_2 x$의 그래프 위의 점 A에서 x축에 내린 수선의 발을 A_1이라 하자. 점 A를 지나고 x축에 평행한 직선이 함수 $y=2^x$의 그래프와 만나는 점을 A_2라 하고, 점 A_2에서 x축에 내린 수선의 발을 A_3이라 하자. 점 A_1의 좌표 $(2^n, 0)$에 대하여 사각형 $AA_2A_3A_1$의 넓이가 56일 때, n의 값을 구하시오. (단, n은 2보다 큰 자연수이다.)

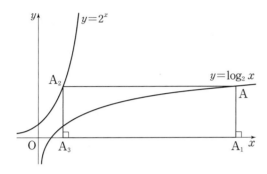

해결 전략

Step ❶ 점 A_1의 좌표를 이용하여 두 점 A, A_2의 좌표 구하기

Step ❷ 사각형 $AA_2A_3A_1$의 넓이가 56임을 이용하여 n에 대한 관계식 세우기

Step ❸ n이 2보다 큰 자연수임을 이용하여 조건을 만족시키는 n의 값 구하기

097

x에 대한 방정식 $4^x-n\times 2^{x+2}+k=0$이 모든 자연수 n에 대하여 양의 실근과 음의 실근을 각각 한 개씩 갖도록 하는 실수 k의 값의 범위는 $a<k<b$이다. $a+b$의 값은?

① -5 ② -1 ③ 3 ④ 7 ⑤ 11

해결 전략

Step ❶ $2^x=t$ $(t>0)$이라 하고 t에 대한 방정식 세우기

Step ❷ 주어진 방정식의 두 실근을 각각 α, β $(\alpha<0<\beta)$라 하고 주어진 근에 대한 조건을 이용하여 t에 대한 방정식의 실근의 범위 구하기

Step ❸ 두 함수 $y=t^2-4nt$, $y=-k$의 그래프의 교점의 t좌표가 t에 대한 방정식의 두 실근과 같음을 이용하여 k의 값의 범위 구하기

098

두 함수 $f(x)=(x-2)^2$, $g(x)=-|x-2|+6$에 대하여 부등식

$$1-\log_{\frac{1}{2}} f(x) \geq \log_2 \{2g(x)\}$$

를 만족시키는 정수 x의 개수는?

① 6   ② 7   ③ 8   ④ 9   ⑤ 10

해결 전략

Step ❶ 로그의 진수의 조건을 이용하여 $f(x)$, $g(x)$의 값의 범위 구하기

Step ❷ 부등식 $1-\log_{\frac{1}{2}} f(x) \geq \log_2 \{2g(x)\}$를 간단히 정리하기

Step ❸ Step ❶, ❷에서 얻은 부등식을 동시에 만족시키는 x의 값 구하기

삼각함수

삼각함수

수능 출제 포커스

- 삼각함수 사이의 관계를 이용하여 삼각함수의 값을 구하는 문제가 출제될 수 있으므로 각의 범위에 따른 삼각함수의 값의 부호의 변화를 명확하게 알고 있어야 한다.
- 삼각함수의 그래프에서의 함숫값 및 최댓값과 최솟값을 구하는 문제가 출제될 수 있으므로 삼각함수의 주기를 알고 그 그래프를 그리는 연습을 해 두어야 한다.
- 사인법칙과 코사인법칙을 이용하여 도형에서의 길이, 넓이 등을 구하는 문제가 출제될 수 있으므로 중학교에서 배웠던 도형의 성질을 확실히 정리하여 기억해 두어야 한다.

기출 및 핵심 예상 문제수

기출문제	수능 대비 예상 문제	등급 업 문제	합계
15	45	10	70

N Ⅱ 삼각함수

1 일반각과 호도법

(1) 호도법과 육십분법

$$1\text{라디안}=\frac{180^\circ}{\pi},\ 1^\circ=\frac{\pi}{180}\text{라디안}$$

(2) 부채꼴의 호의 길이와 넓이

반지름의 길이가 r, 중심각의 크기가
θ(라디안)인 부채꼴의 호의 길이를 l,
넓이를 S라 하면

$$l=r\theta,\ S=\frac{1}{2}r^2\theta=\frac{1}{2}rl$$

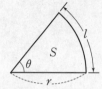

2 삼각함수

(1) $\overline{\mathrm{OP}}=r$인 점 $\mathrm{P}(x,\,y)$에 대하여
동경 OP가 x축의 양의 방향과 이
루는 일반각의 크기를 θ라 할 때

① $\sin\theta=\dfrac{y}{r}$

② $\cos\theta=\dfrac{x}{r}$

③ $\tan\theta=\dfrac{y}{x}$ (단, $x\neq0$)

(2) 삼각함수의 값의 부호

	제1사분면	제2사분면	제3사분면	제4사분면
$\sin\theta$	+	+	−	−
$\cos\theta$	+	−	−	+
$\tan\theta$	+	−	+	−

(3) 삼각함수 사이의 관계

① $\tan\theta=\dfrac{\sin\theta}{\cos\theta}$

② $\sin^2\theta+\cos^2\theta=1$

3 삼각함수의 그래프의 성질

	$y=\sin x$	$y=\cos x$	$y=\tan x$
정의역	실수 전체의 집합	실수 전체의 집합	$x=n\pi+\dfrac{\pi}{2}$ (n은 정수)를 제외한 실수 전체의 집합
치역	$\{y\,\vert\,-1\leq y\leq1\}$	$\{y\,\vert\,-1\leq y\leq1\}$	실수 전체의 집합
주기	2π	2π	π
최댓값	1	1	존재하지 않는다.
최솟값	−1	−1	존재하지 않는다.
그래프의 대칭성	원점에 대하여 대칭	y축에 대하여 대칭	원점에 대하여 대칭

 함수 $y=\tan x$의 그래프의 점근선은 직선 $x=n\pi+\dfrac{\pi}{2}$ (n은 정수)이다.

4 삼각함수의 성질

(1) $2n\pi+x$ (n은 정수)의 삼각함수

① $\sin(2n\pi+x)=\sin x$ ② $\cos(2n\pi+x)=\cos x$

③ $\tan(2n\pi+x)=\tan x$

(2) $-x$의 삼각함수

① $\sin(-x)=-\sin x$ ② $\cos(-x)=\cos x$

③ $\tan(-x)=-\tan x$

(3) $\pi\pm x$의 삼각함수 (복부호동순)

① $\sin(\pi\pm x)=\mp\sin x$ ② $\cos(\pi\pm x)=-\cos x$

③ $\tan(\pi\pm x)=\pm\tan x$

(4) $\dfrac{\pi}{2}\pm x$의 삼각함수 (복부호동순)

① $\sin\left(\dfrac{\pi}{2}\pm x\right)=\cos x$ ② $\cos\left(\dfrac{\pi}{2}\pm x\right)=\mp\sin x$

5 삼각함수를 포함한 방정식과 부등식

(1) 방정식에의 활용

주어진 범위에서 방정식 $\sin x=k$ ($\cos x=k$, $\tan x=k$)의
해는 함수 $y=\sin x$ ($y=\cos x$, $y=\tan x$)의 그래프와 직선
$y=k$의 교점의 x좌표와 같다.

(2) 부등식에의 활용

주어진 범위에서 부등식 $\sin x>k$ ($\sin x<k$)의 해는 함수
$y=\sin x$의 그래프가 직선 $y=k$보다 위쪽(아래쪽)에 있는 x의
값의 범위와 같다.

6 사인법칙

삼각형 ABC의 외접원의 반지름의 길이를
R라 하면

$$\frac{a}{\sin A}=\frac{b}{\sin B}=\frac{c}{\sin C}=2R$$

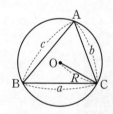

7 코사인법칙

(1) 삼각형 ABC에서

① $a^2=b^2+c^2-2bc\cos A$ ② $b^2=c^2+a^2-2ca\cos B$

③ $c^2=a^2+b^2-2ab\cos C$

(2) 삼각형 ABC에서

① $\cos A=\dfrac{b^2+c^2-a^2}{2bc}$ ② $\cos B=\dfrac{c^2+a^2-b^2}{2ca}$

③ $\cos C=\dfrac{a^2+b^2-c^2}{2ab}$

8 삼각형의 넓이

삼각형 ABC의 넓이를 S라 하면

$$S=\frac{1}{2}bc\sin A=\frac{1}{2}ca\sin B=\frac{1}{2}ab\sin C$$

099

2018년 시행 교육청 4월

반지름의 길이가 4, 중심각의 크기가 $\dfrac{\pi}{4}$인 부채꼴의 호의 길이는?

① $\dfrac{\pi}{4}$ ② $\dfrac{\pi}{2}$ ③ $\dfrac{3}{4}\pi$

④ π ⑤ $\dfrac{5}{4}\pi$

100

2024학년도 평가원 9월

$\dfrac{3}{2}\pi < \theta < 2\pi$인 θ에 대하여 $\cos\theta = \dfrac{\sqrt{6}}{3}$일 때, $\tan\theta$의 값은?

① $-\sqrt{2}$ ② $-\dfrac{\sqrt{2}}{2}$ ③ 0

④ $\dfrac{\sqrt{2}}{2}$ ⑤ $\sqrt{2}$

101

2021학년도 평가원 6월

함수 $f(x) = 5\sin x + 1$의 최댓값을 구하시오.

102

2023학년도 평가원 6월

$\sin\left(\dfrac{\pi}{2}+\theta\right) = \dfrac{3}{5}$이고 $\sin\theta\cos\theta < 0$일 때, $\sin\theta + 2\cos\theta$의 값은?

① $-\dfrac{2}{5}$ ② $-\dfrac{1}{5}$ ③ 0

④ $\dfrac{1}{5}$ ⑤ $\dfrac{2}{5}$

103

2021년 시행 교육청 3월

$0 \le x < 2\pi$일 때, 방정식 $\sin 4x = \dfrac{1}{2}$의 서로 다른 실근의 개수는?

① 2 ② 4 ③ 6

④ 8 ⑤ 10

104

2021학년도 평가원 6월

반지름의 길이가 15인 원에 내접하는 삼각형 ABC에서 $\sin B = \dfrac{7}{10}$일 때, 선분 AC의 길이를 구하시오.

105

2021학년도 평가원 9월

$\overline{AB} = 6$, $\overline{AC} = 10$인 삼각형 ABC가 있다. 선분 AC 위에 점 D를 $\overline{AB} = \overline{AD}$가 되도록 잡는다. $\overline{BD} = \sqrt{15}$일 때, 선분 BC의 길이는?

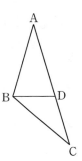

① $\sqrt{37}$ ② $\sqrt{38}$ ③ $\sqrt{39}$

④ $2\sqrt{10}$ ⑤ $\sqrt{41}$

유형 **1** 부채꼴의 호의 길이와 넓이

유형 및 경향 분석

호도법을 이용하여 부채꼴의 호의 길이와 넓이를 구하는 문제가 출제된다.
부채꼴의 호의 길이와 넓이 공식에서 부채꼴 중심각의 크기 θ는 호도법으로 나타낸 각임에 주의한다.

실전 가이드

부채꼴의 반지름의 길이 r와 중심각의 크기 θ를 알 때 부채꼴의 호의 길이 l과 넓이 S는 다음 공식을 이용하여 구한다.

(1) $l = r\theta$

(2) $S = \dfrac{1}{2}r^2\theta = \dfrac{1}{2}rl$

106 | 대표 유형 | 2020년 시행 교육청 3월

중심각의 크기가 1라디안이고 둘레의 길이가 24인 부채꼴의 넓이를 구하시오.

107

반지름의 길이가 2보다 큰 부채꼴의 둘레의 길이는 16이고 넓이는 12이다. 이 부채꼴의 중심각의 크기는?

(단, 각의 단위는 라디안이다.)

① $\dfrac{1}{3}$ ② $\dfrac{1}{2}$ ③ $\dfrac{2}{3}$

④ $\dfrac{4}{3}$ ⑤ $\dfrac{3}{2}$

108

반지름의 길이와 호의 길이의 비가 $1:2$인 서로 다른 두 개의 부채꼴 A_1, A_2가 있다. 두 부채꼴 A_1, A_2의 호의 길이의 합은 12이고 넓이의 합은 20이다. 두 부채꼴 A_1, A_2의 반지름의 길이를 각각 r_1, r_2라 할 때, $r_1 r_2$의 값은?

① $5\sqrt{2}$ ② $2\sqrt{14}$ ③ $2\sqrt{15}$

④ 8   ⑤ $6\sqrt{2}$

109

그림과 같이 중심이 O이고 반지름의 길이가 6, 호 AB의 길이가 2π인 부채꼴 OAB가 있다. 호 AB의 중점 C에서 선분 OB에 내린 수선의 발을 D라 할 때, 부채꼴 OBC의 호 BC와 두 선분 BD, DC로 둘러싸인 도형의 넓이는?

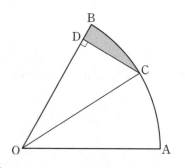

① $3\pi - \dfrac{9\sqrt{3}}{2}$ ② $3\pi - 4\sqrt{3}$

③ $3\pi - \dfrac{7\sqrt{3}}{2}$ ④ $6\pi - \dfrac{9\sqrt{3}}{2}$

⑤ $6\pi - 4\sqrt{3}$

유형 2 삼각함수의 정의와 삼각함수 사이의 관계

유형 및 경향 분석

삼각함수의 정의를 이용하여 삼각함수의 값을 구하는 문제가 출제되거나 삼각함수 사이의 관계를 이용하여 주어진 식의 값을 구하는 문제가 출제된다.

실전 가이드

(1) 각 θ를 나타내는 동경과 반지름의 길이가 r인 원의 교점의 좌표를 (x, y)라 하면

$$\sin\theta = \frac{y}{r}, \cos\theta = \frac{x}{r}, \tan\theta = \frac{y}{x} \text{ (단, } x \neq 0)$$

(2) 각 θ의 동경이 위치한 사분면에 따라 삼각함수의 부호가 다음과 같이 결정된다.

[sin θ의 부호]

[cos θ의 부호]

[tan θ의 부호]

(3) 삼각함수 사이의 관계

① $\tan\theta = \dfrac{\sin\theta}{\cos\theta}$　　② $\sin^2\theta + \cos^2\theta = 1$

참고 $\sin\theta \pm \cos\theta$ 또는 $\sin\theta\cos\theta$의 값이 주어지는 경우 $(\sin\theta \pm \cos\theta)^2 = 1 \pm 2\sin\theta\cos\theta$ (복부호동순)임을 이용한다.

110 | 대표 유형 |

2022학년도 평가원 9월

$\dfrac{\pi}{2} < \theta < \pi$인 θ에 대하여 $\dfrac{\sin\theta}{1-\sin\theta} - \dfrac{\sin\theta}{1+\sin\theta} = 4$일 때, $\cos\theta$의 값은?

① $-\dfrac{\sqrt{3}}{3}$　　② $-\dfrac{1}{3}$　　③ 0

④ $\dfrac{1}{3}$　　④ $\dfrac{\sqrt{3}}{3}$

111

좌표평면 위의 점 $P(-4, 3)$에 대하여 동경 OP가 나타내는 각의 크기를 θ라 할 때, $\cos\theta + \tan\theta$의 값은?

(단, O는 원점이다.)

① $-\dfrac{31}{20}$　　② $-\dfrac{8}{5}$　　③ $-\dfrac{33}{20}$

④ $-\dfrac{17}{10}$　　⑤ $-\dfrac{7}{4}$

112

$\sin\theta = \dfrac{12}{13}$이고 $\cos\theta < 0$일 때, $13\cos\theta + \dfrac{12}{\tan\theta}$의 값은?

① -4　　② -6　　③ -8

④ -10　　⑤ -12

113

$\dfrac{3}{2}\pi < \theta < 2\pi$인 θ에 대하여 $\log_8 (6\cos\theta) = \dfrac{1}{2}$일 때, $\sqrt{7}\sin\theta - \sqrt{14}\tan\theta$의 값은?

① $-\dfrac{7}{3}$ 　　② 0 　　③ $\dfrac{7}{3}$

④ $\dfrac{14}{3}$ 　　⑤ $\dfrac{21}{3}$

114

θ가 제2사분면의 각이고 $\dfrac{1}{1+\cos\theta} + \dfrac{1}{1-\cos\theta} = 12$일 때, $\sin\theta \times \cos\theta$의 값은?

① $-\dfrac{\sqrt{3}}{2}$ 　　② $-\dfrac{\sqrt{6}}{6}$ 　　③ $-\dfrac{\sqrt{5}}{6}$

④ $\dfrac{\sqrt{3}}{6}$ 　　⑤ $\dfrac{\sqrt{5}}{6}$

115

직선 $3x+4y=0$과 수직이고 점 $A(-3, 0)$을 지나는 직선이 x축의 양의 방향과 이루는 각의 크기를 α라 할 때, $\sin\alpha + \cos\alpha$의 값은?

① $\dfrac{7}{5}$ 　　② $\dfrac{8}{5}$ 　　③ $\dfrac{9}{5}$

④ $\dfrac{11}{5}$ 　　⑤ $\dfrac{12}{5}$

116

$0 < \theta < \dfrac{\pi}{2}$인 θ에 대하여 $\dfrac{\sin\theta - \cos\theta}{\sin\theta + \cos\theta} = -\dfrac{1}{3}$일 때, $\sin^2\theta + \tan^2\theta$의 값은?

① $\dfrac{1}{4}$ 　　② $\dfrac{3}{10}$ 　　③ $\dfrac{7}{20}$

④ $\dfrac{2}{5}$ 　　⑤ $\dfrac{9}{20}$

117

$2\sin^2\theta+(1-\tan^4\theta)\cos^4\theta$의 값은?

① -2 ② -1 ③ 0

④ 1 ⑤ 2

118

이차방정식 $3x^2-7x+k=0$의 두 근이 $\dfrac{2}{\sin^2\theta}$, $\dfrac{2}{\cos^2\theta}$일 때, 상수 k의 값은?

① 10 ② 12 ③ 14

④ 16 ⑤ 18

유형 ③ 삼각함수의 그래프

유형 및 경향 분석

삼각함수의 그래프에서 함수의 최댓값, 최솟값, 주기를 묻는 문제와 함께 미지수를 구하는 문제가 출제된다. 또한, 삼각함수의 그래프에서 주기와 대칭성을 이용하는 문제가 출제된다.

실전 가이드

(1) 0이 아닌 두 상수 a, b에 대하여 세 함수 $y=a\sin bx$, $y=a\cos bx$, $y=a\tan bx$의 주기는 각각 $\dfrac{2\pi}{|b|}$, $\dfrac{2\pi}{|b|}$, $\dfrac{\pi}{|b|}$이다.

(2) 세 상수 $a\,(a\neq0)$, $b\,(b\neq0)$, c에 대하여 세 함수 $y=a\sin(bx+c)+d$, $y=a\cos(bx+c)+d$, $y=a\tan(bx+c)+d$의 그래프는 각각 세 함수 $y=a\sin bx$, $y=a\cos bx$, $y=a\tan bx$의 그래프를 x축의 방향으로 $-\dfrac{c}{b}$만큼, y축의 방향으로 d만큼 평행이동한 것이다.

(3) 삼각함수를 포함한 식의 최댓값 또는 최솟값을 구하는 방법은 다음과 같다.
   ❶ 주어진 식에 포함된 삼각함수를 한 문자로 치환한다.
   ❷ 치환한 문자의 범위(정의역)를 구한다.
   ❸ 치환한 문자에 대한 함수의 그래프를 그려 주어진 식의 최댓값 또는 최솟값을 구한다.

119 | 대표 유형 |

2024학년도 평가원 6월

두 자연수 a, b에 대하여 함수
$$f(x)=a\sin bx+8-a$$
가 다음 조건을 만족시킬 때, $a+b$의 값을 구하시오.

> (가) 모든 실수 x에 대하여 $f(x)\geq0$이다.
>
> (나) $0\leq x<2\pi$일 때, x에 대한 방정식 $f(x)=0$의 서로 다른 실근의 개수는 4이다.

120

세 상수 a, b, c에 대하여 함수 $f(x)=a\sin bx+c$의 그래프가 그림과 같을 때, $a(b+c)$의 값을 구하시오.

(단, $a>0$, $b>0$)

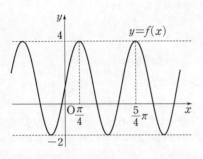

121

함수 $y=3\cos\left(\dfrac{1}{4}x-\dfrac{\pi}{2}\right)+1$의 최댓값이 M, 최솟값이 m, 주기가 p일 때, Mmp의 값은?

① -64π ② -32π ③ -16π
④ -8π ⑤ -4π

122

함수 $f(x)=a\cos\left(x+\dfrac{\pi}{3}\right)+k$가 다음 조건을 만족시킨다.

(가) $f\left(\dfrac{\pi}{6}\right)=\dfrac{1}{2}$

(나) 함수 $f(x)$의 최댓값은 2이다.

함수 $f(x)$의 최솟값은? (단, $a>0$이고, k는 상수이다.)

① -2 ② $-\dfrac{3}{2}$ ③ -1
④ $-\dfrac{1}{2}$ ⑤ 0

123

세 상수 a, b, c에 대하여 함수 $f(x)=a\sin\left\{b\left(x+\dfrac{\pi}{2}\right)\right\}+c$의 주기가 4π이고 최댓값이 6, 최솟값이 -2일 때, $a+2b+3c$의 값을 구하시오. (단, $a>0$, $b>0$)

124

세 상수 a, b, c에 대하여 함수 $f(x)=a\cos\left\{b\left(x+\dfrac{\pi}{4}\right)\right\}+c$ 의 주기가 5π이고 최솟값이 $-\dfrac{1}{4}$, $f\left(\dfrac{7}{12}\pi\right)=\dfrac{1}{2}$일 때, 함수 $f(x)$의 최댓값은? (단, $a>0$, $b>0$)

① $\dfrac{1}{4}$ ② $\dfrac{1}{2}$ ③ $\dfrac{3}{4}$

④ 1 ⑤ $\dfrac{5}{4}$

125

함수 $y=\cos^2 x+2\sin x+1$은 $x=\theta$일 때, 최댓값 M을 갖는다. $M+\sin\theta$의 값은? $\left(\text{단, } -\dfrac{\pi}{2}\leq x\leq\dfrac{\pi}{2}\right)$

① $\dfrac{5}{2}$ ② 3 ③ $\dfrac{7}{2}$

④ 4 ⑤ $\dfrac{9}{2}$

유형 ❹ 삼각함수의 성질

유형 및 경향 분석

삼각함수의 각에 대한 성질을 이용하여 조건을 만족시키는 상수의 값을 구하는 문제나 삼각함수의 값을 구하는 문제가 출제된다.

📖 실전 가이드

(1) $2n\pi+\theta$ (n은 정수)의 삼각함수
   ① $\sin(2n\pi+\theta)=\sin\theta$ ② $\cos(2n\pi+\theta)=\cos\theta$
   ③ $\tan(2n\pi+\theta)=\tan\theta$

(2) $-\theta$의 삼각함수
   ① $\sin(-\theta)=-\sin\theta$ ② $\cos(-\theta)=\cos\theta$
   ③ $\tan(-\theta)=-\tan\theta$

(3) $\pi\pm\theta$의 삼각함수 (복부호동순)
   ① $\sin(\pi\pm\theta)=\mp\sin\theta$ ② $\cos(\pi\pm\theta)=-\cos\theta$
   ③ $\tan(\pi\pm\theta)=\pm\tan\theta$

(4) $\dfrac{\pi}{2}\pm\theta$의 삼각함수 (복부호동순)
   ① $\sin\left(\dfrac{\pi}{2}\pm\theta\right)=\cos\theta$ ② $\cos\left(\dfrac{\pi}{2}\pm\theta\right)=\mp\sin\theta$
   ③ $\tan\left(\dfrac{\pi}{2}\pm\theta\right)=\mp\dfrac{1}{\tan\theta}$

(5) $\dfrac{3}{2}\pi\pm\theta$의 삼각함수 (복부호동순)
   ① $\sin\left(\dfrac{3}{2}\pi\pm\theta\right)=-\cos\theta$ ② $\cos\left(\dfrac{3}{2}\pi\pm\theta\right)=\pm\sin\theta$
   ③ $\tan\left(\dfrac{3}{2}\pi\pm\theta\right)=\mp\dfrac{1}{\tan\theta}$

126 | 대표 유형 |

2024학년도 평가원 6월

$\cos\theta<0$이고 $\sin(-\theta)=\dfrac{1}{7}\cos\theta$일 때, $\sin\theta$의 값은?

① $-\dfrac{3\sqrt{2}}{10}$ ② $-\dfrac{\sqrt{2}}{10}$ ③ 0

④ $\dfrac{\sqrt{2}}{10}$ ⑤ $\dfrac{3\sqrt{2}}{10}$

127

$\sin\left(-\dfrac{5}{6}\pi\right)+\cos\dfrac{11}{3}\pi+\tan\dfrac{5}{4}\pi$의 값은?

① -2 ② -1 ③ 0

④ 1 ⑤ 2

128

$\sin\left(\dfrac{\pi}{2}-\theta\right)+\cos\left(\dfrac{\pi}{2}+\theta\right)=-\dfrac{1}{2}$일 때, $\sin^3\theta-\cos^3\theta$의 값은?

① $\dfrac{5}{16}$ ② $\dfrac{7}{16}$ ③ $\dfrac{9}{16}$

④ $\dfrac{11}{16}$ ⑤ $\dfrac{13}{16}$

129

$\cos\theta=\dfrac{3}{5}$이고 $\cos\left(\dfrac{\pi}{2}+\theta\right)>0$일 때,

$\tan(\pi+\theta)-\dfrac{\cos(2\pi-\theta)}{\sin\left(\dfrac{3}{2}\pi+\theta\right)}$의 값은?

① $-\dfrac{1}{3}$ ② $-\dfrac{1}{4}$ ③ $\dfrac{1}{4}$

④ $\dfrac{1}{3}$ ⑤ $\dfrac{1}{2}$

130

$0<\theta<\dfrac{\pi}{2}$인 θ에 대하여

$$\sin\theta+2\sin\left(\dfrac{\pi}{2}+\theta\right)+\sin(\pi+\theta)=\dfrac{\sqrt{7}}{2}$$

일 때, $\cos\left(\dfrac{\pi}{2}-\theta\right)$의 값은?

① $-\dfrac{3}{4}$ ② $-\dfrac{\sqrt{5}}{4}$ ③ 0

④ $\dfrac{\sqrt{5}}{4}$ ⑤ $\dfrac{3}{4}$

131

$\dfrac{\pi}{2}<\theta<\pi$인 θ에 대하여

$$\frac{\cos\theta}{1+2\sin(-\theta)}+\frac{\cos\theta}{1+2\sin(\pi-\theta)}=\frac{1}{2}$$

일 때, $\tan(\pi-\theta)$의 값은?

① $-\sqrt{3}$ ② $-\dfrac{\sqrt{3}}{3}$ ③ $\dfrac{\sqrt{3}}{3}$

④ 1 ⑤ $\sqrt{3}$

유형 5   삼각함수를 포함한 방정식과 부등식

유형 및 경향 분석

각의 크기가 미지수인 삼각함수를 포함한 간단한 방정식과 부등식에서 삼각함수의 그래프 또는 단위원을 이용하여 근을 구하거나 근의 개수를 구하는 문제가 출제된다.

📖 실전 가이드

(1) 방정식 $\sin x=k$의 해는 함수 $y=\sin x$의 그래프와 직선 $y=k$의 교점의 x좌표와 같다.

(2) 부등식 $\sin x>k$의 해는 함수 $y=\sin x$의 그래프가 직선 $y=k$보다 위쪽에 있는 x의 값의 범위와 같다.

(3) 삼각함수의 제곱이 들어 있는 방정식 또는 부등식의 해를 구하는 방법
   ❶ 삼각함수 사이의 관계를 이용하여 삼각함수를 한 종류로 통일한다.
   ❷ ❶에서 구한 식을 인수분해하여 주어진 방정식 또는 부등식의 해를 구한다.

132 | 대표 유형 |

2020학년도 수능

$0<x<2\pi$일 때, 방정식 $4\cos^2 x-1=0$과 부등식 $\sin x\cos x<0$을 동시에 만족시키는 모든 x의 값의 합은?

① 2π ② $\dfrac{7}{3}\pi$ ③ $\dfrac{8}{3}\pi$

④ 3π ⑤ $\dfrac{10}{3}\pi$

133

$0\leq x<\pi$에서 방정식 $\sin^2 x-3\cos x-1=0$이 실근 α를 가질 때, $\sin\alpha$의 값을 구하시오.

134

$0 \leq x < 2\pi$에서 방정식 $3\tan(x+3\pi)-\sqrt{3}=0$의 모든 근의 합을 α라 할 때, $\sin^2 \alpha \times \cos \alpha$의 값은?

① $-\dfrac{1}{8}$ ② $-\dfrac{1}{4}$ ③ $-\dfrac{3}{8}$

④ $-\dfrac{1}{2}$ ⑤ $-\dfrac{5}{8}$

135

$0 \leq x < 2\pi$에서 부등식 $2\cos^2 x - 3\sin x < 0$의 해가 $\alpha < x < \beta$일 때, $\cos\left(\alpha+\beta+\dfrac{\pi}{3}\right)$의 값은?

① $-\dfrac{\sqrt{3}}{2}$ ② $-\dfrac{1}{2}$ ③ 0

④ $\dfrac{1}{2}$ ⑤ $\dfrac{\sqrt{3}}{2}$

136

$0 \leq x < 2\pi$일 때, 방정식

$$2\cos^2 x - 2\sin x \cos x = 3\sin x + 3\cos x + k$$

가 서로 다른 두 실근 $\dfrac{3}{4}\pi$, α를 갖는다. $k\alpha$의 값은?

(단, k는 상수이다.)

① $\dfrac{5}{4}\pi$ ② $\dfrac{7}{4}\pi$ ③ $\dfrac{5}{2}\pi$

④ $\dfrac{7}{2}\pi$ ⑤ 7π

137

$-\dfrac{\pi}{2} < \theta < \dfrac{\pi}{2}$일 때, x에 대한 이차방정식

$$x^2 - 4x + 4\tan^2\theta = 0$$

이 서로 다른 두 실근을 갖도록 하는 모든 θ의 값의 범위는 $\alpha < \theta < \beta$이다. $\sin(\beta-\alpha)$의 값은?

① $-\dfrac{\sqrt{3}}{2}$ ② $-\dfrac{1}{2}$ ③ 0

④ $\dfrac{\sqrt{2}}{2}$ ⑤ 1

138

$0 \le x < \pi$에서 방정식 $2\cos\left(2x + \dfrac{\pi}{3}\right) = \sqrt{3}$의 모든 근의 합을 θ라 할 때, $\cos\theta$의 값은?

① $-\dfrac{\sqrt{3}}{2}$　　② $-\dfrac{1}{2}$　　③ 0

④ $\dfrac{1}{2}$　　⑤ $\dfrac{\sqrt{3}}{2}$

139

$0 \le x < 2\pi$에서 부등식 $2\cos^2\left(x - \dfrac{\pi}{3}\right) - \cos\left(x + \dfrac{\pi}{6}\right) \ge 1$의 해가 $a\pi \le x \le b\pi$일 때, $100ab$의 값을 구하시오.

유형 **6** 사인법칙

유형 및 경향 분석

삼각함수의 성질과 사인법칙을 이용하여 삼각형의 변의 길이나 각의 크기, 외접원의 반지름의 길이 등을 구하는 문제가 출제된다.

📖 실전 가이드

삼각형 ABC에서 $\overline{AB}=c$, $\overline{BC}=a$, $\overline{CA}=b$일 때, 삼각형 ABC의 외접원의 반지름의 길이를 R라 하면

(1) $\dfrac{a}{\sin A} = \dfrac{b}{\sin B} = \dfrac{c}{\sin C} = 2R$

(2) $\sin A : \sin B : \sin C = a : b : c$

140 | 대표 유형 |

2020년 시행 교육청 4월

그림과 같이 반지름의 길이가 4인 원에 내접하고 변 AC의 길이가 5인 삼각형 ABC가 있다. $\angle ABC = \theta$라 할 때, $\sin\theta$의 값은? (단, $0 < \theta < \pi$)

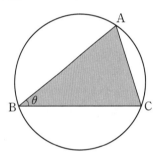

① $\dfrac{1}{4}$　　② $\dfrac{3}{8}$　　③ $\dfrac{1}{2}$

④ $\dfrac{5}{8}$　　⑤ $\dfrac{3}{4}$

141

그림과 같은 삼각형 ABC에서 $\overline{BC}=3$, $\angle BAC=60°$, $\angle ABC=75°$일 때, 선분 AB의 길이는?

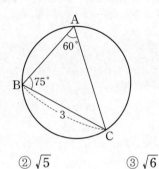

① 2
② $\sqrt{5}$
③ $\sqrt{6}$
④ $\sqrt{7}$
⑤ $2\sqrt{2}$

142

삼각형 ABC에서 $\overline{BC}=4\sqrt{5}$, $\cos(B+C)=\dfrac{\sqrt{5}}{5}$일 때, 삼각형 ABC의 외접원의 반지름의 길이는?

① 3
② 4
③ 5
④ 6
⑤ 7

143

삼각형 ABC에서 $\angle A : \angle B : \angle C = 2 : 3 : 7$이고, 외접원의 반지름의 길이가 2이다. $\overline{AC}+\overline{BC}=p+q\sqrt{2}$일 때, $p+q$의 값을 구하시오. (단, p와 q는 유리수이다.)

144

$\angle C=\dfrac{\pi}{6}$, $\overline{AB}=8$이고 $\sin A : \sin C = 5 : 4$인 삼각형 ABC가 있다. 삼각형 ABC의 외접원의 반지름의 길이를 R, 선분 BC의 길이를 k라 할 때, $R+k$의 값은?

① 16
② 18
③ 20
④ 22
⑤ 24

145

$\overline{AB}=4$이고 둘레의 길이가 12인 삼각형 ABC에 대하여

$$\sin A + \sin B + \sin C = 2$$

일 때, $\sin C \times \sin (A+B)$의 값은?

① $\dfrac{1}{9}$ ② $\dfrac{1}{4}$ ③ $\dfrac{9}{25}$

④ $\dfrac{4}{9}$ ⑤ $\dfrac{9}{16}$

146

삼각형 ABC에 대하여

$$\overline{BC} \tan C = \overline{AB} \tan A,\quad \sin^2 B - \sin^2 A = \sin^2 C$$

가 성립할 때, $\dfrac{\sin A + 2\sin B + 3\sin C}{\sin A + \sin B + \sin C}$의 값은?

① $\dfrac{3}{2}$ ② 2 ③ $\dfrac{5}{2}$

④ 3 ⑤ $\dfrac{7}{2}$

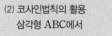

유형 7 코사인법칙

유형 및 경향 분석

삼각함수의 성질과 코사인법칙을 이용하여 삼각형의 변의 길이, 각의 크기 등을 구하는 문제가 출제된다. 또한, 사인법칙과 코사인법칙을 모두 이용하여 해결하는 문제도 출제된다.

📖 실전 가이드

(1) 코사인법칙

  삼각형 ABC에서

  ① $a^2 = b^2 + c^2 - 2bc \cos A$

  ② $b^2 = c^2 + a^2 - 2ca \cos B$

  ③ $c^2 = a^2 + b^2 - 2ab \cos C$

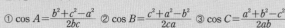

(2) 코사인법칙의 활용

  삼각형 ABC에서

  ① $\cos A = \dfrac{b^2+c^2-a^2}{2bc}$ ② $\cos B = \dfrac{c^2+a^2-b^2}{2ca}$ ③ $\cos C = \dfrac{a^2+b^2-c^2}{2ab}$

147 | 대표 유형 |

2021학년도 수능

$\angle A = \dfrac{\pi}{3}$이고 $\overline{AB} : \overline{AC} = 3 : 1$인 삼각형 ABC가 있다. 삼각형 ABC의 외접원의 반지름의 길이가 7일 때, 선분 AC의 길이는?

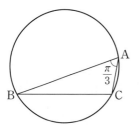

① $2\sqrt{5}$ ② $\sqrt{21}$ ③ $\sqrt{22}$

④ $\sqrt{23}$ ⑤ $2\sqrt{6}$

148

그림과 같은 삼각형 ABC에서 $\angle A=\dfrac{3}{4}\pi$, $\overline{AB}=2$, $\overline{AC}=3\sqrt{2}$일 때, $\overline{BC}^2$의 값을 구하시오.

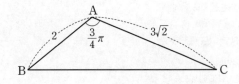

149

삼각형 ABC에서 세 변 BC, CA, AB의 길이를 각각 a, b, c라 할 때, $a^2=b^2+c^2-bc$가 성립한다. $\angle A$의 크기는?

① $\dfrac{\pi}{6}$ ② $\dfrac{\pi}{4}$ ③ $\dfrac{\pi}{3}$

④ $\dfrac{3}{2}\pi$ ⑤ $\dfrac{3}{4}\pi$

150

삼각형 ABC에서 $\overline{AB}:\overline{BC}:\overline{CA}=\sqrt{5}:3:2$일 때, $\tan^2 C$의 값은?

① 1 ② $\dfrac{5}{4}$ ③ $\dfrac{3}{2}$

④ $\dfrac{7}{4}$ ⑤ 2

151

그림과 같이 사각형 ABCD가 한 원에 내접하고
$$\overline{AB}=2,\ \overline{BC}=3,\ \overline{CD}=5,\ \overline{DA}=3$$
일 때, 이 원의 넓이는?

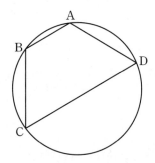

① 5π ② $\dfrac{16}{3}\pi$ ③ $\dfrac{17}{3}\pi$

④ 6π ⑤ $\dfrac{19}{3}\pi$

152

$\overline{AB}=5$, $\overline{AC}=4$인 삼각형 ABC가

$$\frac{\sin A + \sin B - \sin C}{\sin C} = 2\cos A$$

를 만족시킬 때, 선분 BC의 길이를 구하시오.

153

예각삼각형 ABC의 세 꼭짓점 A, B, C에서 각각의 대변에 내린 수선의 발을 H_1, H_2, H_3이라 할 때, $\overline{AH_1} : \overline{BH_2} : \overline{CH_3} = 2\sqrt{7} : 3\sqrt{7} : 6$이다. 삼각형 ABC의 세 내각 중 가장 큰 각의 크기를 θ라 할 때, $\cos\theta$의 값은?

① $\dfrac{\sqrt{7}}{14}$ ② $\dfrac{\sqrt{2}}{7}$ ③ $\dfrac{3}{14}$

④ $\dfrac{\sqrt{10}}{14}$ ⑤ $\dfrac{\sqrt{11}}{14}$

유형 **8** 삼각형의 넓이

유형 및 경향 분석   Ⅱ. 삼각함수

삼각함수의 성질, 사인법칙과 코사인법칙을 이용하여 삼각형 또는 사각형의 넓이를 구하는 문제가 출제된다.

실전 가이드

(1) 세 변의 길이가 a, b, c인 삼각형 ABC의 넓이 S는

$$S = \frac{1}{2}bc\sin A = \frac{1}{2}ca\sin B = \frac{1}{2}ab\sin C$$

(2) 두 대각선의 길이가 각각 p, q이고, 두 대각선이 이루는 각의 크기가 θ인 사각형의 넓이 S는

$$S = \frac{1}{2}pq\sin\theta$$

154 | 대표 유형 | 2020년 시행 교육청 4월

그림과 같이 중심각의 크기가 $\dfrac{\pi}{3}$인 부채꼴 OAB에서 선분 OA를 3 : 1로 내분하는 점을 P, 선분 OB를 1 : 2로 내분하는 점을 Q라 하자. 삼각형 OPQ의 넓이가 $4\sqrt{3}$일 때, 호 AB의 길이는?

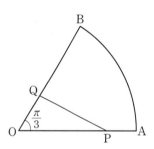

① $\dfrac{5}{3}\pi$ ② 2π ③ $\dfrac{7}{3}\pi$

④ $\dfrac{8}{3}\pi$ ⑤ 3π

155

그림과 같이 사각형 ABCD가 한 원에 내접하고

$$\overline{AB}=12, \ \overline{AD}=\overline{CD}=8, \ \overline{BC}=4, \ \angle DCB=\frac{2}{3}\pi$$

이다. 사각형 ABCD의 넓이가 $k\sqrt{3}$일 때, 자연수 k의 값을 구하시오.

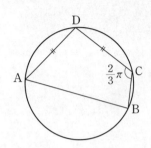

156

넓이가 $9\sqrt{15}$인 삼각형 ABC에 대하여

$$\sin A : \sin B : \sin C = 2 : 4 : 3$$

일 때, 삼각형 ABC의 둘레의 길이는?

① $9\sqrt{3}$ ② 18 ③ $9\sqrt{6}$

④ $18\sqrt{3}$ ⑤ 36

157

삼각형 ABC에서 $\overline{AB}=2\sqrt{6}$, $\angle A=\frac{\pi}{3}$이고 삼각형 ABC의 외접원의 넓이가 12π일 때, 삼각형 ABC의 넓이는?

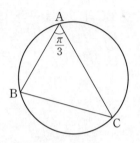

① $6+\sqrt{3}$ ② $6+3\sqrt{3}$ ③ $9+\sqrt{3}$

④ $9+3\sqrt{3}$ ⑤ $12+\sqrt{3}$

158

그림과 같이 $\overline{AB}=7$, $\overline{BC}=5$, $\overline{AC}=8$인 삼각형 ABC가 있다. $\angle ACB$의 이등분선이 선분 AB와 만나는 점을 D라 하자. $\dfrac{\overline{CD}}{\overline{AD}}=\dfrac{q}{p}\sqrt{3}$일 때, $p+q$의 값을 구하시오.

(단, p와 q는 서로소인 자연수이다.)

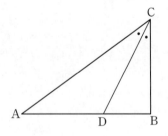

159

그림과 같이 점 A에서 점 O를 중심으로 하고 반지름의 길이가 4인 원에 그은 접선이 원과 만나는 점을 각각 P, Q라 하자. 사각형 POQA의 넓이가 $16\sqrt{3}$일 때, 호 PQ와 두 선분 AP, AQ로 둘러싸인 도형의 넓이는 $p\sqrt{3}+q\pi$이다. $p-3q$의 값을 구하시오.

(단, p, q는 유리수이다.)

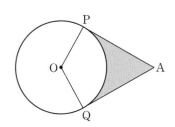

해결 전략

Step ❶ $\overline{OP}\perp\overline{PA}$, $\overline{OQ}=\overline{QA}$임을 이용하여 $\overline{PA}$, $\overline{OA}$의 길이 구하기

Step ❷ $\angle OAP=\theta$라 하고, $\sin\theta$의 값을 이용하여 θ의 값 구하기

Step ❸ 색칠한 도형의 넓이 구하기

160

두 실수 x, y가 $x+y=\dfrac{5}{4}\pi$를 만족시킬 때, $\cos\left(x-\dfrac{\pi}{3}\right)+2\sin\left(y+\dfrac{7}{12}\pi\right)+6$의 최댓값을 구하시오.

해결 전략

Step ❶ $x-\dfrac{\pi}{3}=t$라 하고 주어진 식을 t에 대한 식으로 변형하기

Step ❷ 삼각함수의 성질을 이용하여 주어진 식 변형하기

Step ❸ $\cos t$의 값의 범위를 이용하여 최댓값 구하기

161

$\dfrac{3}{2}\pi < \theta < 2\pi$인 θ에 대하여 $\sin^4 \theta + \cos^4 \theta = \dfrac{31}{49}$일 때, $\cos \theta - \sin \theta$의 값은?

① $\dfrac{\sqrt{77}}{7}$　　　② $\dfrac{\sqrt{84}}{7}$　　　③ $\dfrac{\sqrt{91}}{7}$　　　④ $\dfrac{\sqrt{98}}{7}$　　　⑤ $\dfrac{\sqrt{105}}{7}$

해결 전략

Step ❶ 곱셈 공식의 변형을 이용하여 주어진 식을 변형한 후, $\sin^2 \theta \cos^2 \theta$의 값 구하기

Step ❷ 주어진 θ의 값의 범위를 이용하여 $\sin \theta \cos \theta$의 값 구하기

Step ❸ 곱셈 공식의 변형을 이용하여 $\cos \theta - \sin \theta$의 값 구하기

162

$0 \le x < 4\pi$에서 방정식 $\sin^2 \dfrac{1}{2}x - k = 0$의 한 근이 $x = \dfrac{24}{11}\pi$일 때, 이 방정식의 나머지 모든 근의 합은 $\dfrac{q}{p}\pi$이다. $p+q$의 값을 구하시오.

(단, $0 < k < 1$이고, p와 q는 서로소인 자연수이다.)

해결 전략

Step ❶ 방정식 $\sin^2 \dfrac{1}{2}x - k = 0$의 좌변을 인수분해하여 $\sin \dfrac{1}{2}x = p$ (p는 상수)의 꼴로 나타내기

Step ❷ 함수 $y = \sin \dfrac{1}{2}x$의 그래프와 직선 $y = p$의 교점의 x좌표 구하기

Step ❸ 함수 $y = \sin \dfrac{1}{2}x$의 그래프의 대칭성을 이용하여 방정식의 나머지 모든 근의 합 구하기

163

$0 \leq \theta \leq \pi$일 때, x에 대한 이차방정식 $x^2 - 2(\cos\theta)x + \dfrac{3}{2}\sin\theta = 0$이 실근을 갖도록 하는 모든 θ의 값의 범위는 $0 \leq \theta \leq \alpha$, $\beta \leq \theta \leq \pi$이다. $\cos(\beta - \alpha)$의 값은? (단, $\alpha < \beta$)

① $-\dfrac{\sqrt{3}}{2}$　　② $-\dfrac{\sqrt{2}}{2}$　　③ $-\dfrac{1}{2}$　　④ $\dfrac{\sqrt{2}}{2}$　　⑤ $\dfrac{\sqrt{3}}{2}$

해결 전략

Step ❶ 이차방정식의 판별식을 D라 할 때, 실근을 가질 조건을 이용하여 부등식 세우기

Step ❷ 주어진 θ의 값의 범위를 이용하여 $\sin\theta$의 값의 범위를 구하기

Step ❸ $\sin\theta$의 값의 범위를 이용하여 α, β의 값 구하기

164

그림과 같이 $\overline{AB} = 24$, $\overline{CD} = 20$이고, 두 대각선 AC와 BD가 서로 수직인 사각형 ABCD가 원 O에 내접하고 있다. 원 O의 반지름의 길이는?

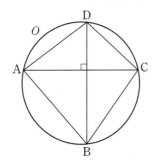

① $2\sqrt{59}$　　② $4\sqrt{15}$　　③ $2\sqrt{61}$　　④ $2\sqrt{62}$　　⑤ $6\sqrt{7}$

해결 전략

Step ❶ $\angle ADB = \theta$라 하고, $\angle DAC$의 크기 구하기

Step ❷ 두 삼각형 DAB, DAC의 외접원이 같으므로 사인법칙을 이용하여 $\sin\theta$, $\cos\theta$를 외접원의 반지름의 길이에 대한 식으로 나타내기

Step ❸ $\sin^2\theta + \cos^2\theta = 1$을 이용하여 외접원의 반지름의 길이 구하기

165

그림과 같이 길이가 2인 선분 AB를 지름으로 하는 원 위의 두 점 C, D에 대하여 $\angle \mathrm{CAD} = \dfrac{\pi}{3}$이고 $\overline{\mathrm{AC}} : \overline{\mathrm{AD}} = 5 : 4$이라 하자.

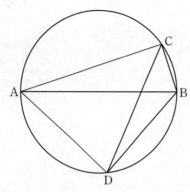

다음은 $\overline{\mathrm{BC}}^2 + \overline{\mathrm{BD}}^2$의 값을 구하는 과정이다.

삼각형 ADC에서 사인법칙에 의하여

$$\overline{\mathrm{CD}} = \boxed{\text{(가)}}$$

이다. 또한, $\overline{\mathrm{AC}} : \overline{\mathrm{AD}} = 5 : 4$이므로 양수 k에 대하여 $\overline{\mathrm{AC}} = 5k$, $\overline{\mathrm{AD}} = 4k$라 하면 삼각형 ADC에서 코사인법칙에 의하여

$$k^2 = \boxed{\text{(나)}}$$

이때 두 삼각형 ABC, ADB가 직각삼각형이므로

$$\overline{\mathrm{BC}}^2 + \overline{\mathrm{BD}}^2 = (\overline{\mathrm{AB}}^2 - \overline{\mathrm{AC}}^2) + (\overline{\mathrm{AB}}^2 - \overline{\mathrm{AD}}^2)$$
$$= \boxed{\text{(다)}}$$

위의 (가), (나), (다)에 알맞은 수를 각각 p, q, r라 할 때, $\dfrac{r}{p \times q}$의 값은?

① $2\sqrt{3}$ ② $3\sqrt{3}$ ③ $4\sqrt{3}$ ④ $5\sqrt{3}$ ⑤ $6\sqrt{3}$

해결 전략

Step ❶ 삼각형 ADC에서 사인법칙을 이용하여 선분 CD의 길이 구하기

Step ❷ $\overline{\mathrm{AC}} = 5k$, $\overline{\mathrm{AD}} = 4k$ $(k > 0)$이라 하고 삼각형 ADC에서 코사인법칙을 이용하여 k^2의 값 구하기

Step ❸ 두 삼각형 ABC, ADB가 직각삼각형임을 이용하여 $\overline{\mathrm{BC}}^2 + \overline{\mathrm{BD}}^2$의 값 구하기

Step ❹ $\dfrac{r}{p \times q}$의 값 구하기

166

그림과 같이 $\angle BCA = 90°$이고 $\overline{AC} = 5$인 직각삼각형 ABC와 선분 AC 위의 $\overline{OC} = 2$인 점 O를 중심으로 하고 점 C를 지나는 반원이 있다. 이 반원이 선분 AB와 두 점에서 만날 때, 두 교점 중 점 A와 가까운 점을 D라 하자. $\overline{OD} = \overline{DA}$일 때, 삼각형 BCD의 외접원의 반지름의 길이는?

Step ❶ $\overline{OC} = 2$임을 이용하여 선분 AO의 길이 구하기

Step ❷ $\angle BAC = \theta$라 하고 $\cos\theta$의 값 구하기

Step ❸ 삼각형 ADC에서 코사인법칙을 이용하여 선분 DC의 길이 구하기

Step ❹ 삼각형 BCD에서 사인법칙을 이용하여 외접원의 반지름의 길이 구하기

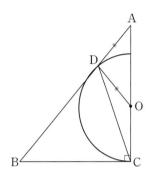

① $\dfrac{\sqrt{14}}{4}$ ② $\dfrac{\sqrt{14}}{3}$ ③ $\dfrac{\sqrt{14}}{2}$ ④ $\dfrac{2\sqrt{14}}{3}$ ⑤ $\dfrac{3\sqrt{14}}{4}$

167

반지름의 길이가 15인 원에 내접하는 삼각형 ABC가 있다. 길이가 $15\sqrt{3}$인 선분 AB를 4 : 1로 외분하는 점을 P라 할 때, $\angle ACB = \angle PCB$이다. 선분 PC의 길이는?

① $\dfrac{12\sqrt{39}}{13}$ ② $\dfrac{14\sqrt{39}}{13}$ ③ $\dfrac{16\sqrt{39}}{13}$ ④ $\dfrac{18\sqrt{39}}{13}$ ⑤ $\dfrac{20\sqrt{39}}{13}$

Step ❶ 세 점 A, B, P 사이의 관계 파악하기

Step ❷ 사인법칙을 이용하여 $\angle ACB$의 크기 구하기

Step ❸ $\angle ACB = \angle PCB$임을 이용하여 $\overline{CA} : \overline{CP}$ 구하기

Step ❹ 삼각형 APC에서 코사인법칙을 이용하여 선분 PC의 길이 구하기

168

그림과 같이 $\overline{AB}=5$, $\overline{BC}=6$, $\overline{CA}=7$인 삼각형 ABC에 내접하는 원이 선분 BC와 만나는 점을 P, 선분 CA와 만나는 점을 Q, 선분 AB와 만나는 점을 R라 하자. $\sin(\angle QRP)=k$일 때, $7k^2$의 값을 구하시오.

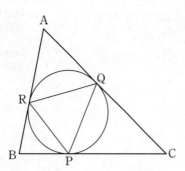

해결 **전략**

Step ❶ $\angle ACB=\theta$라 하고 삼각형 ABC에서 코사인법칙을 이용하여 $\cos\theta$의 값 구하기

Step ❷ 삼각함수 사이의 관계를 이용하여 $\sin\theta$의 값 구하기

Step ❸ 삼각형 ABC의 넓이를 구하는 식을 이용하여 삼각형 ABC에 내접하는 원의 반지름의 길이 구하기

Step ❹ 삼각형 CQP에서 코사인법칙, 삼각형 PQR에서 사인법칙을 이용하여 k의 값 구하기

Ⅲ

수열

수능 출제 포커스

- 등차수열과 등비수열의 일반항 또는 그 합을 구하는 문제가 자주 출제되고 있으므로 주어진 수열에서 첫째항과 공차 또는 첫째항과 공비를 구하는 연습을 많이 해 두어야 한다.
- $\sum$의 성질과 자연수의 거듭제곱의 합의 공식을 이용하여 여러 가지 수열의 합을 구하는 문제가 출제될 수 있으므로 $\sum$의 성질, 자연수의 거듭제곱의 합의 공식 등을 정확히 익혀두고 활용할 수 있어야 한다.
- 수열의 귀납적 정의를 이용하여 특정한 항의 값을 구하는 문제가 출제될 수 있으므로 주어진 조건을 이용하여 각 항을 차례로 나열한 후, 수열의 규칙을 찾는 연습을 많이 해 두어야 한다.

기출 및 핵심 예상 문제수

기출문제	수능 대비 예상 문제	등급 업 문제	합계
18	45	12	75

N III 수열

1 등차수열

(1) 등차수열의 일반항
첫째항이 a, 공차가 d인 등차수열의 일반항 a_n은
$$a_n = a + (n-1)d \ (단, \ n = 1, 2, 3, \cdots)$$

(2) 등차중항
세 수 a, b, c가 이 순서대로 등차수열을 이룰 때, b를 a와 c의 등차중항이라 한다.
이때 $b - a = c - b$이므로
$$2b = a + c, \ 즉 \ b = \frac{a+c}{2}$$

(3) 등차수열의 합
첫째항이 a, 공차가 d인 등차수열의 제n항을 l이라 하면 이 등차수열의 첫째항부터 제n항까지의 합 S_n은
$$S_n = \frac{n(a+l)}{2}$$
$$= \frac{n\{2a+(n-1)d\}}{2}$$

2 등비수열

(1) 등비수열의 일반항
첫째항이 a, 공비가 $r \ (r \neq 0)$인 등비수열의 일반항 a_n은
$$a_n = ar^{n-1} \ (단, \ n = 1, 2, 3, \cdots)$$

(2) 등비중항
0이 아닌 세 수 a, b, c가 이 순서대로 등비수열을 이룰 때, b를 a와 c의 등비중항이라 한다.
이때 $\dfrac{b}{a} = \dfrac{c}{b}$이므로
$$b^2 = ac$$

(3) 등비수열의 합
첫째항이 a, 공비가 $r \ (r \neq 0)$인 등비수열의 첫째항부터 제n항까지의 합 S_n은
① $r \neq 1$일 때
$$S_n = \frac{a(1-r^n)}{1-r}$$
$$= \frac{a(r^n-1)}{r-1}$$
② $r = 1$일 때
$$S_n = na$$

3 수열의 합과 일반항 사이의 관계
수열 $\{a_n\}$의 첫째항부터 제n항까지의 합을 S_n이라 하면
$$a_1 = S_1, \ a_n = S_n - S_{n-1} \ (단, \ n \geq 2)$$

참고 S_n 대신 $\sum\limits_{k=1}^{n} a_k$가 주어져도 같은 방법으로 구할 수 있다.

4 합의 기호 $\sum$의 성질

(1) $\sum$의 정의 : $a_1 + a_2 + a_3 + \cdots + a_n = \sum\limits_{k=1}^{n} a_k$

(2) $\sum$의 기본 성질
① $\sum\limits_{k=1}^{n} (a_k \pm b_k) = \sum\limits_{k=1}^{n} a_k \pm \sum\limits_{k=1}^{n} b_k$ (복부호동순)

② $\sum\limits_{k=1}^{n} ca_k = c \sum\limits_{k=1}^{n} a_k$ (단, c는 상수)

③ $\sum\limits_{k=1}^{n} c = cn$ (단, c는 상수)

5 자연수의 거듭제곱의 합

(1) $\sum\limits_{k=1}^{n} k = 1 + 2 + 3 + \cdots + n = \dfrac{n(n+1)}{2}$

(2) $\sum\limits_{k=1}^{n} k^2 = 1^2 + 2^2 + 3^2 + \cdots + n^2 = \dfrac{n(n+1)(2n+1)}{6}$

(3) $\sum\limits_{k=1}^{n} k^3 = 1^3 + 2^3 + 3^3 + \cdots + n^3 = \left\{\dfrac{n(n+1)}{2}\right\}^2$

6 일반항이 분수 꼴인 수열의 합

(1) $\sum\limits_{k=1}^{n} \dfrac{1}{k(k+a)} = \dfrac{1}{a} \sum\limits_{k=1}^{n} \left(\dfrac{1}{k} - \dfrac{1}{k+a}\right)$ (단, $a \neq 0$)

(2) $\sum\limits_{k=1}^{n} \dfrac{1}{(k+a)(k+b)} = \dfrac{1}{b-a} \sum\limits_{k=1}^{n} \left(\dfrac{1}{k+a} - \dfrac{1}{k+b}\right)$ (단, $a \neq b$)

(3) $\sum\limits_{k=1}^{n} \dfrac{1}{\sqrt{k+a} + \sqrt{k}} = \dfrac{1}{a} \sum\limits_{k=1}^{n} (\sqrt{k+a} - \sqrt{k})$ (단, $a \neq 0$)

7 수열의 귀납적 정의

(1) 등차수열의 귀납적 정의
① $a_{n+1} - a_n = d$ (단, d는 공차)
② $2a_{n+1} = a_n + a_{n+2}$

(2) 등비수열의 귀납적 정의
① $a_{n+1} = ra_n$ (단, r는 공비)
② $a_{n+1}^2 = a_n a_{n+2}$

8 수학적 귀납법
명제 $p(n)$이 모든 자연수 n에 대하여 성립함을 증명하려면 다음 두 가지가 성립함을 보이면 된다.
(i) $n = 1$일 때, 명제 $p(n)$이 성립한다.
(ii) $n = k$일 때, 명제 $p(n)$이 성립한다고 가정하면
$n = k+1$일 때도 명제 $p(n)$이 성립한다.

169
2022학년도 수능

등차수열 $\{a_n\}$에 대하여

$$a_2=6,\ a_4+a_6=36$$

일 때, a_{10}의 값은?

① 30   ② 32   ③ 34

④ 36   ⑤ 38

170
2023년 시행 교육청 4월

모든 항이 양수인 등비수열 $\{a_n\}$에 대하여 $a_1=3$, $\dfrac{a_5}{a_3}=4$일 때, a_4의 값은?

① 15   ② 18   ③ 21

④ 24   ⑤ 27

171
2021학년도 평가원 6월

등차수열 $\{a_n\}$에 대하여 $a_1+a_3=20$일 때, a_2의 값은?

① 6   ② 7   ③ 8

④ 9   ⑤ 10

172
2018년 시행 교육청 10월

수열 $\{a_n\}$의 첫째항부터 제n항까지의 합 S_n이 $S_n=2n^2+n$일 때, $a_3+a_4+a_5$의 값은?

① 30   ② 35   ③ 40

④ 45   ⑤ 50

173
2024학년도 평가원 6월

수열 $\{a_n\}$에 대하여 $\sum\limits_{k=1}^{10}(2a_k+3)=60$일 때, $\sum\limits_{k=1}^{10}a_k$의 값은?

① 10   ② 15   ③ 20

④ 25   ⑤ 30

174
2022학년도 수능

첫째항이 1인 수열 $\{a_n\}$이 모든 자연수 n에 대하여

$$a_{n+1}=\begin{cases} 2a_n & (a_n<7) \\ a_n-7 & (a_n\geq 7) \end{cases}$$

일 때, $\sum\limits_{k=1}^{8}a_k$의 값은?

① 30   ② 32   ③ 34

④ 36   ⑤ 38

175
2019학년도 평가원 9월

수열 $\{a_n\}$이 모든 자연수 n에 대하여

$$a_n a_{n+1}=2n$$

이고 $a_3=1$일 때, a_2+a_5의 값은?

① $\dfrac{13}{3}$ ② $\dfrac{16}{3}$ ③ $\dfrac{19}{3}$

④ $\dfrac{22}{3}$ ⑤ $\dfrac{25}{3}$

유형 ❶ 등차수열의 뜻과 일반항

유형 및 경향 분석

등차수열의 일반항을 이용하여 특정한 항의 값을 구하는 문제가 출제된다.
주어진 조건을 이용하여 첫째항과 공차를 구할 수 있어야 한다.

실전 가이드

등차수열의 특정한 항의 값은 다음과 같은 순서로 구한다.
❶ 주어진 조건을 이용하여 첫째항 a_1과 공차 d를 구한다.
   이때 $a_{n+1} - a_n = d$임을 이용한다.
❷ 일반항 $a_n = a_1 + (n-1)d$를 구한다.
❸ 특정한 항의 값을 구한다.

---

176 | 대표 유형 | 2023학년도 평가원 9월

등차수열 $\{a_n\}$에 대하여

$$a_1 = 2a_5,\ a_8 + a_{12} = -6$$

일 때, a_2의 값은?

① 17   ② 19   ③ 21
④ 23   ⑤ 25

177

등차수열 $\{a_n\}$에 대하여

$$a_3 + a_6 = 19,\ a_5 - a_2 = 9$$

일 때, a_7의 값은?

① 15   ② 17   ③ 19
④ 21   ⑤ 23

178

등차수열 $\{a_n\}$에 대하여

$$a_{21} = 51,\ 2a_{20} - a_{15} = 59$$

일 때, a_{23}의 값은?

① 37   ② 43   ③ 49
④ 55   ⑤ 61

179

등차수열 $\{a_n\}$에 대하여

$$a_1 = 20, \quad |a_4| = -a_8$$

일 때, a_2의 값은?

① 19 ② 18 ③ 17
④ 16 ⑤ 15

180

첫째항이 -3이고 공차가 양수인 등차수열 $\{a_n\}$에 대하여

$$2|a_2 - 4| = |a_4 + 2|$$

일 때, a_{10}의 값은?

① 22 ② 24 ③ 26
④ 28 ⑤ 30

유형 2 등차수열의 합

유형 및 경향 분석

주어진 조건을 이용하여 등차수열의 합을 구하는 문제 또는 등차수열의 합을 이용하여 첫째항, 공차, 특정한 항의 값을 구하는 문제가 출제된다.

실전 가이드

등차수열의 첫째항을 a, 공차를 d, 제n항을 l이라 하면 첫째항부터 제n항까지의 합 S_n은 주어진 조건에 따라 다음과 같이 구할 수 있다.

(1) 첫째항과 제n항이 주어진 경우: $S_n = \dfrac{n(a+l)}{2}$

(2) 첫째항과 공차가 주어진 경우: $S_n = \dfrac{n\{2a + (n-1)d\}}{2}$

(3) 합이 주어진 경우: $S_n = \dfrac{n\{2a + (n-1)d\}}{2}$를 이용하여 a와 d를 구한다.

(4) 두 수 사이에 수를 넣어 만든 등차수열의 합: 두 수 사이에 k개의 수를 넣어 만든 수열이 주어지면 첫째항과 끝항이 주어진 것이므로 (1)의 식을 이용한다. 이때 항의 개수가 $k+2$이므로 이 수열의 총합은 S_{k+2}이다.

181 | 대표 유형 |

2014학년도 수능

첫째항이 6이고 공차가 d인 등차수열 $\{a_n\}$의 첫째항부터 제 n항까지의 합을 S_n이라 할 때, $\dfrac{a_8 - a_6}{S_8 - S_6} = 2$가 성립한다. d의 값은?

① -1 ② -2 ③ -3
④ -4 ⑤ -5

182

공차가 4인 등차수열 $\{a_n\}$에서 첫째항부터 제7항까지의 합과 제7항의 값이 같을 때, 첫째항부터 제10항까지의 합은?

① 76   ② 80   ③ 84

④ 88   ⑤ 92

184

첫째항이 4인 등차수열 $\{a_n\}$의 첫째항부터 제n항까지의 합을 S_n이라 하자. $S_9 = 3S_5$일 때, a_{13}의 값은?

① 44   ② 48   ③ 52

④ 56   ⑤ 60

183

등차수열 $\{a_n\}$의 첫째항부터 제n항까지의 합을 S_n이라 하자. $S_1 = 40$, $a_8 + a_{10} = S_{10} - S_7$일 때, S_9의 값은?

① 180   ② 185   ③ 190

④ 195   ⑤ 200

185

등차수열 $\{a_n\}$에 대하여 $a_3 = 55$, $a_6 = 46$일 때, 첫째항부터 제n항까지의 합이 최대가 되도록 하는 자연수 n의 최댓값은?

① 21   ② 22   ③ 23

④ 24   ⑤ 25

유형 3 등비수열의 뜻과 일반항

유형 및 경향 분석

등비수열의 일반항을 이용하여 특정한 항의 값을 구하는 문제가 출제된다. 주어진 조건을 이용하여 첫째항과 공비를 구할 수 있어야 한다.

📖 실전 가이드

등비수열의 특정한 항의 값은 다음과 같은 순서로 구한다.

❶ 주어진 조건을 이용하여 첫째항 a_1과 공비 r를 구한다.

이때 $\dfrac{a_{n+1}}{a_n}=r$임을 이용한다.

❷ 일반항 $a_n=a_1 r^{n-1}$을 구한다.

❸ 특정한 항의 값을 구한다.

186 | 대표 유형 |

2024학년도 평가원 9월

모든 항이 양수인 등비수열 $\{a_n\}$에 대하여

$$\frac{a_3 a_8}{a_6}=12,\ a_5+a_7=36$$

일 때, a_{11}의 값은?

① 72   ② 78   ③ 84

④ 90   ⑤ 96

187

모든 항이 양수인 등비수열 $\{a_n\}$에 대하여

$$\frac{a_4}{a_2}=2,\ a_2 a_4=16$$

일 때, a_9의 값은?

① 8   ② $8\sqrt{2}$ ③ 16

④ $16\sqrt{2}$ ⑤ 32

188

등비수열 $\{a_n\}$에 대하여

$$a_1-8a_4=0,\ a_3=16$$

일 때, a_2의 값은?

① 24   ② 32   ③ 40

④ 48   ⑤ 56

189

모든 항이 서로 다른 양의 정수인 등비수열 $\{a_n\}$에 대하여 $8a_6 = a_5{}^2$일 때, a_8의 값을 구하시오.

190

모든 항이 양수인 등비수열 $\{a_n\}$에 대하여

$$a_3 a_5 = 4, \ a_2 a_7 = 12$$

일 때, a_6의 값은?

① 10   ② 12   ③ 14
④ 16   ⑤ 18

유형 ④ 등비수열의 합

유형 및 경향 분석

주어진 조건을 이용하여 등비수열의 합을 구하는 문제 또는 등비수열의 합을 이용하여 첫째항, 공비, 특정한 항의 값을 구하는 문제가 출제된다.

실전 가이드

등비수열의 첫째항을 a, 공비를 r라 하면 첫째항부터 제n항까지의 합 S_n은 주어진 조건에 따라 다음과 같이 구할 수 있다.

(1) 첫째항과 공비가 주어진 경우:

$r \neq 1$일 때, $S_n = \dfrac{a(1-r^n)}{1-r} = \dfrac{a(r^n-1)}{r-1}$

$r = 1$일 때, $S_n = na$

(2) 항에 대한 두 조건이 주어진 경우: $a_n = ar^{n-1}$을 이용하여 a와 r를 구한다.

(3) 합이 주어진 경우: 합에 대한 두 조건이 주어지면 다음 인수분해를 이용한다.

$$r^{2n} - 1 = (r^n - 1)(r^n + 1), \ r^{3n} - 1 = (r^n - 1)(r^{2n} + r^n + 1)$$

191 | 대표 유형 |

2024학년도 수능

등비수열 $\{a_n\}$의 첫째항부터 제n항까지의 합을 S_n이라 하자.

$$S_4 - S_2 = 3a_4, \ a_5 = \frac{3}{4}$$

일 때, $a_1 + a_2$의 값은?

① 27   ② 24   ③ 21
④ 18   ⑤ 15

192

첫째항이 3이고 모든 항이 양수인 등비수열 $\{a_n\}$에 대하여 $a_4 a_6 = 16 \times a_3^2$일 때, 첫째항부터 제7항까지의 합은?

① 380   ② 381   ③ 382

④ 383   ⑤ 384

193

등비수열 $\{a_n\}$의 첫째항부터 제n항까지의 합을 S_n이라 하자.

$$a_2 = 4, \ a_5 = 27 a_8$$

일 때, $2S_{10} + a_{10}$의 값은?

① 30   ② 32   ③ 34

④ 36   ⑤ 38

194

모든 항이 0이 아닌 정수인 등비수열 $\{a_n\}$의 첫째항부터 제n항까지의 합을 S_n이라 하자.

$$S_2 = 3, \ 2a_6 + 3S_4 = 2a_4 + 3S_5$$

일 때, S_5의 값은?

① 29   ② 30   ③ 31

④ 32   ⑤ 33

195

첫째항이 1이고 모든 항이 서로 다른 양수인 등비수열 $\{a_n\}$에 대하여 두 수열 $\{a_n\}$, $\{5a_n - a_{n+1}\}$의 첫째항부터 제n항까지의 합을 각각 S_n, T_n이라 하자. 모든 자연수 n에 대하여 $S_n = T_n$일 때, a_5의 값을 구하시오.

유형 5 등차중항과 등비중항

유형 및 경향 분석

등차수열 또는 등비수열을 이루는 3개 이상의 수가 주어진 문제가 출제된다. 등차중항과 등비중항의 성질을 이해하고 있어야 한다.

실전 가이드

(1) 세 수 a, b, c가 이 순서대로 등차수열을 이루면
$$2b=a+c$$

(2) 0이 아닌 세 수 a, b, c가 이 순서대로 등비수열을 이루면
$$b^2=ac$$

196 | 대표 유형 |

2020학년도 평가원 6월

자연수 n에 대하여 x에 대한 이차방정식
$$x^2-nx+4(n-4)=0$$
이 서로 다른 두 실근 α, β $(\alpha<\beta)$를 갖고, 세 수 1, α, β가 이 순서대로 등차수열을 이룰 때, n의 값은?

① 5   ② 8   ③ 11

④ 14   ⑤ 17

197

세 수 a, 3, b가 이 순서대로 등차수열을 이루고, 세 수 $-a$, 4, b가 이 순서대로 등비수열을 이룰 때, a^2+b^2의 값을 구하시오.

198

두 수 a와 b 사이에 $x_1+x_2+x_3=12$를 만족시키는 3개의 실수 x_1, x_2, x_3을 넣었을 때, 5개의 수가 이 순서대로 등차수열을 이룬다. $a+b$의 값은?

① 8   ② 9   ③ 10

④ 11   ⑤ 12

199

두 점 $A(1, 2)$, $B(a, 6)$에 대하여 선분 AB를 2 : 1로 내분하는 점을 P, 외분하는 점을 Q라 하자. 세 점 A, P, Q의 x좌표를 각각 x_1, x_2, x_3이라 할 때, 세 수 x_1, x_2, x_3이 이 순서대로 등비수열을 이룬다. a의 값은? (단, $a\neq1$)

① 2   ② $\dfrac{5}{2}$ ③ 3

④ $\dfrac{7}{2}$ ⑤ 4

유형 6 수열의 합과 일반항 사이의 관계

유형 및 경향 분석

수열의 합과 일반항 사이의 관계 $a_n = S_n - S_{n-1}$을 이용하여 특정한 항의 값을 구하거나 일반항을 구하는 문제가 출제된다.

실전 가이드

수열의 합 S_n이 주어질 때, 일반항 a_n은 다음과 같은 순서로 구한다.

❶ $a_n = S_n - S_{n-1}$ $(n \geq 2)$를 이용하여 a_n을 구한다.

❷ S_n에 $n=1$을 대입하여 a_1을 구한다.

❸ ❶에서 구한 a_n에 $n=1$을 대입한 값과 ❷에서 구한 a_1의 값을 비교한다.

❹ ❸에서 비교한 값이 일치하면 ❶에서 구한 a_n은 $n=1$일 때부터 성립한다.

  ❸에서 비교한 값이 일치하지 않으면 $a_1 = S_1$, $a_n = S_n - S_{n-1}$ $(n \geq 2)$이다.

200 | 대표 유형 |

2020년 시행 교육청 3월

수열 $\{a_n\}$의 첫째항부터 제n항까지의 합을 S_n이라 할 때, $S_n = 2n^2 - 3n$이다. $a_n > 100$을 만족시키는 자연수 n의 최솟값은?

① 25   ② 27   ③ 29

④ 31   ⑤ 33

201

수열 $\{a_n\}$의 첫째항부터 제n항까지의 합 S_n이 $S_n = n^2 - 4n + 1$일 때, $a_5 - a_1$의 값은?

① 5   ② 6   ③ 7

④ 8   ⑤ 9

202

수열 $\{a_n\}$의 첫째항부터 제n항까지의 합 S_n이 $S_n = \dfrac{n}{2n-1}$일 때, $a_1 + a_4$의 값은?

① $\dfrac{6}{7}$ ② $\dfrac{31}{35}$ ③ $\dfrac{32}{35}$

④ $\dfrac{33}{35}$ ⑤ $\dfrac{34}{35}$

203

수열 $\{a_n\}$의 첫째항부터 제n항까지의 합을 S_n이라 하자.

$$S_n = pn^2 + qn + 5 \ (p, \ q는 \ 소수)$$

이고 $S_5 - S_3 = 62$일 때, $a_1 + a_3$의 값을 구하시오.

유형 7 ∑의 성질

유형 및 경향 분석

합의 기호 ∑의 뜻과 성질을 이용하여 수열의 합 또는 식의 값을 구하는 문제가 출제된다.

실전 가이드

두 수열 $\{a_n\}$, $\{b_n\}$에 대하여

(1) $\sum\limits_{k=1}^{n}(a_k+b_k)=\sum\limits_{k=1}^{n}a_k+\sum\limits_{k=1}^{n}b_k$

(2) $\sum\limits_{k=1}^{n}(a_k-b_k)=\sum\limits_{k=1}^{n}a_k-\sum\limits_{k=1}^{n}b_k$

(3) $\sum\limits_{k=1}^{n}ca_k=c\sum\limits_{k=1}^{n}a_k$ (단, c는 상수)

(4) $\sum\limits_{k=1}^{n}c=cn$ (단, c는 상수)

204 | 대표 유형 | 2024학년도 평가원 9월

두 수열 $\{a_n\}$, $\{b_n\}$에 대하여

$$\sum_{k=1}^{10}(2a_k-b_k)=34, \quad \sum_{k=1}^{10}a_k=10$$

일 때, $\sum\limits_{k=1}^{10}(a_k-b_k)$의 값을 구하시오.

205

수열 $\{a_n\}$에 대하여

$$\sum_{k=1}^{10}(a_k+1)^2-\sum_{k=1}^{10}(a_k-1)^2=60$$

일 때, $\sum\limits_{k=1}^{10}a_k$의 값을 구하시오.

206

수열 $\{a_n\}$에 대하여

$$\sum_{n=1}^{10}(a_n+2)=30, \quad \sum_{n=1}^{10}(ca_n+p)=60$$

을 만족시키는 두 상수 c, p에 대하여 $c+p$의 값을 구하시오.

207

수열 $\{a_n\}$에 대하여

$$\sum_{k=1}^{20}(k^2+1)a_k=30, \quad \sum_{k=1}^{20}ka_k=10$$

일 때, $\displaystyle\sum_{k=1}^{20}(k-1)^2a_k$의 값을 구하시오.

208

첫째항이 -1인 수열 $\{a_n\}$에 대하여

$$\sum_{k=1}^{12}a_{k+1}=8, \quad \sum_{k=1}^{13}a_k(a_k+2)=27$$

일 때, $\displaystyle\sum_{k=1}^{13}a_k{}^2$의 값은?

① 10   ② 11   ③ 12
④ 13   ⑤ 14

유형 8 여러 가지 수열의 합

유형 및 경향 분석

자연수의 거듭제곱의 합의 공식을 이용하거나 주어진 일반항을 소거되는 꼴로 변형하여 수열의 합을 구하는 문제가 출제된다.

실전 가이드

(1) 자연수의 거듭제곱의 합

① $\displaystyle\sum_{k=1}^{n}k=\frac{n(n+1)}{2}$

② $\displaystyle\sum_{k=1}^{n}k^2=\frac{n(n+1)(2n+1)}{6}$

③ $\displaystyle\sum_{k=1}^{n}k^3=\left\{\frac{n(n+1)}{2}\right\}^2$

(2) 일반항이 분수 꼴인 수열의 합

① $\displaystyle\sum_{k=1}^{n}\frac{1}{k(k+1)}=\sum_{k=1}^{n}\left(\frac{1}{k}-\frac{1}{k+1}\right)=1-\frac{1}{n+1}$

② $\displaystyle\sum_{k=1}^{n}\frac{1}{k(k+1)(k+2)}=\frac{1}{2}\sum_{k=1}^{n}\left\{\frac{1}{k(k+1)}-\frac{1}{(k+1)(k+2)}\right\}$

$$=\frac{1}{2}\left\{\frac{1}{1\times2}-\frac{1}{(n+1)(n+2)}\right\}$$

③ $\displaystyle\sum_{k=1}^{n}\frac{1}{\sqrt{k+1}+\sqrt{k}}=\sum_{k=1}^{n}(\sqrt{k+1}-\sqrt{k})=\sqrt{n+1}-1$

---

209 | 대표 유형 |

2022학년도 평가원 9월

수열 $\{a_n\}$은 $a_1=-4$이고, 모든 자연수 n에 대하여

$$\sum_{k=1}^{n}\frac{a_{k+1}-a_k}{a_ka_{k+1}}=\frac{1}{n}$$

을 만족시킨다. a_{13}의 값은?

① -9 ② -7 ③ -5
④ -3 ⑤ -1

210

자연수 n에 대하여 다항식 $f(x)=2x^2+x$를 $x-n$으로 나누었을 때의 나머지를 a_n이라 할 때, $\displaystyle\sum_{k=1}^{8}\frac{a_{k+1}-a_k}{a_k a_{k+1}}$의 값은?

① $\dfrac{52}{171}$ ② $\dfrac{6}{19}$ ③ $\dfrac{56}{171}$

④ $\dfrac{58}{171}$ ⑤ $\dfrac{20}{57}$

211

$\displaystyle\sum_{k=1}^{10}\frac{k^2}{k+2}-\sum_{k=2}^{10}\frac{4}{k+2}$의 값은?

① 35 ② $\dfrac{107}{3}$ ③ $\dfrac{109}{3}$

④ 37 ⑤ $\dfrac{113}{3}$

212

모든 자연수 n에 대하여 두 수열 $\{a_n\}$, $\{b_n\}$이 다음 조건을 만족시킨다.

> (가) $a_n-b_n=1-2n$
> (나) $a_n b_n=n^2$

$\displaystyle\sum_{k=1}^{10}(3-a_k)(3+b_k)$의 값은?

① 1 ② 2 ③ 3

④ 4 ⑤ 5

213

n이 자연수일 때, x에 대한 이차방정식
$$x^2-2x+n^2+2n=0$$
의 두 근을 α_n, β_n이라 하자. $\displaystyle\sum_{k=1}^{8}\left(\frac{1}{\alpha_k}+\frac{1}{\beta_k}\right)$의 값은?

① $\dfrac{58}{45}$ ② $\dfrac{59}{45}$ ③ $\dfrac{4}{3}$

④ $\dfrac{61}{45}$ ⑤ $\dfrac{62}{45}$

214

n이 자연수일 때, x에 대한 이차방정식

$nx^2 - \dfrac{1}{n+1}x + n^2 = 0$의 두 근의 합을 a_n, 두 근의 곱을 b_n

이라 하자. $\displaystyle\sum_{k=1}^{10}(a_k + b_k) = \dfrac{q}{p}$일 때, $p+q$의 값을 구하시오.

(단, p와 q는 서로소인 자연수이다.)

215

수열 $\{a_n\}$에 대하여

$$a_1 + a_3 + a_5 + \cdots + a_{2n-1} = \sum_{k=1}^{n}\left(\dfrac{1}{2k} - \dfrac{1}{2k-1}\right),$$

$$a_2 + a_4 + a_6 + \cdots + a_{2n} = \sum_{k=1}^{n}\left(\dfrac{1}{2k} - \dfrac{1}{2k+1}\right)$$

이 성립할 때, $\displaystyle\sum_{n=1}^{20}(-1)^n a_n$의 값은?

① $\dfrac{19}{21}$　　　② $\dfrac{20}{21}$　　　③ 1

④ $\dfrac{22}{21}$　　　⑤ $\dfrac{23}{21}$

유형 ⑨ 수열의 귀납적 정의

유형 및 경향 분석

등차수열 또는 등비수열의 귀납적 정의를 이해하고 주어진 조건을 이용하여 수열의 일반항을 추론하는 문제가 출제된다.

실전 가이드

수열 $\{a_n\}$에서 $n=1, 2, 3, \cdots$일 때
(1) 등차수열의 귀납적 정의
　① $a_{n+1} - a_n = d$(일정) ➡ 공차가 d인 등차수열
　② $a_{n+2} - a_{n+1} = a_{n+1} - a_n$ 또는 $2a_{n+1} = a_n + a_{n+2}$
(2) 등비수열의 귀납적 정의
　① $a_{n+1} \div a_n = r$(일정) ➡ 공비가 r인 등비수열 (단, $a_n \neq 0$)
　② $\dfrac{a_{n+2}}{a_{n+1}} = \dfrac{a_{n+1}}{a_n}$ 또는 ${a_{n+1}}^2 = a_n a_{n+2}$ (단, $a_n a_{n+1} \neq 0$)

216 | 대표 유형 |

2014학년도 수능

수열 $\{a_n\}$이 다음 조건을 만족시킨다.

> (가) $a_1 = a_2 + 3$
> (나) $a_{n+1} = -2a_n$ $(n \geq 1)$

a_9의 값을 구하시오.

217

수열 $\{a_n\}$이 모든 자연수 n에 대하여

$$2a_{n+1}=a_n+a_{n+2}$$

를 만족시킨다. $a_1=-15$, $a_8=6$일 때, $\sum\limits_{k=1}^{m} a_k=0$이 되도록 하는 자연수 m의 값은?

① 10   ② 11   ③ 12

④ 13   ⑤ 14

218

모든 항이 양수인 수열 $\{a_n\}$이 모든 자연수 n에 대하여

$${a_{n+1}}^2=a_n a_{n+2}$$

를 만족시킨다. $a_2=32$, $a_6=2$일 때, 수열 $\{a_n\}$의 첫째항부터 제10항까지의 합은?

① $32-\left(\dfrac{1}{2}\right)^3$ ② $64-\left(\dfrac{1}{2}\right)^2$ ③ $64-\left(\dfrac{1}{2}\right)^3$

④ $128-\left(\dfrac{1}{2}\right)^2$ ⑤ $128-\left(\dfrac{1}{2}\right)^3$

219

두 수열 $\{a_n\}$, $\{b_n\}$이 모든 자연수 n에 대하여

$$a_{n+1}=a_n+3,\ b_{n+1}=2b_n$$

을 만족시킨다. $\sum\limits_{n=1}^{5} a_{2n}b_n-\sum\limits_{n=1}^{5} a_{2n-1}b_n=279$일 때, b_1의 값은?

① 1   ② 2   ③ 3

④ 4   ⑤ 5

220

두 수열 $\{a_n\}$, $\{b_n\}$이 다음 조건을 만족시킬 때, $\dfrac{a_2}{b_2}$의 값은?

> (가) $(a_1-b_1)^2+(a_8-b_5)^2=0$
>
> (나) 모든 자연수 n에 대하여
> $$(a_{n+1}-a_n+3)^2+(b_{n+1}-2b_n)^2=0$$이다.

① $\dfrac{11}{7}$ ② $\dfrac{23}{14}$ ③ $\dfrac{12}{7}$

④ $\dfrac{25}{14}$ ⑤ $\dfrac{13}{7}$

221

수열 $\{a_n\}$의 첫째항부터 제n항까지의 합을 S_n이라 하자. 실수 p에 대하여 수열 $\{a_n\}$과 S_n은 다음 조건을 만족시킨다.

> (가) $S_1=4$, $S_2=0$
> (나) $a_7=a_8$
> (다) 모든 자연수 n에 대하여
> $$a_{2n+1}=a_{2n-1}+4,\ a_{2n+2}=pa_{2n}\text{이다.}$$

p^3의 값은?

① -4 ② -1 ③ 1

④ 2 ⑤ 4

유형 ⑩ 규칙성이 있는 여러 가지 수열

유형 및 경향 분석

주어진 조건을 만족시키는 몇 개의 항을 직접 나열해 찾은 수열의 규칙을 이용하여 특정한 항의 값을 구하는 문제가 출제된다.

🔖 실전 가이드

여러 가지 생소한 규칙이 주어진 수열에 관한 문제를 풀 때는 처음부터 일반항을 구하기보다는 처음 몇 개의 항을 직접 나열해 보면서 규칙을 찾아보는 것이 좋다. 직접 나열해 보면 의외로 쉽게 규칙을 찾아 문제를 해결할 수도 있다.

222 | 대표 유형 |

2021학년도 평가원 6월

수열 $\{a_n\}$은 $a_1=9$, $a_2=3$이고, 모든 자연수 n에 대하여
$$a_{n+2}=a_{n+1}-a_n$$
을 만족시킨다. $|a_k|=3$을 만족시키는 100 이하의 자연수 k의 개수를 구하시오.

223

수열 $\{a_n\}$은 $a_1=14$이고, 모든 자연수 n에 대하여

$$a_{n+1}=\begin{cases} \dfrac{a_n}{2} & (a_n\text{이 짝수인 경우}) \\[2mm] \dfrac{a_n+21}{2} & (a_n\text{이 홀수인 경우}) \end{cases}$$

를 만족시킬 때, $a_{10}-a_{11}$의 값은?

① -7 ② -3 ③ 0

④ 3 ⑤ 7

224

수열 $\{a_n\}$이 모든 자연수 n에 대하여

$$2a_n+a_{n+1}=3n$$

을 만족시킨다. $a_2=1$일 때, a_1+a_5의 값은?

① 8 ② 9 ③ 10

④ 11 ⑤ 12

225

수열 $\{a_n\}$은 $a_1=1$, $a_2=-1$이고, 모든 자연수 n에 대하여

$$a_{n+2}=(-1)^{n-1}a_na_{n+1}$$

을 만족시킬 때, $\displaystyle\sum_{k=1}^{100} a_k$의 값은?

① -2 ② -1 ③ 0

④ 1 ⑤ 2

226

수열 $\{a_n\}$은 $a_1=1$이고, 모든 자연수 n에 대하여

$$a_n+a_{n+1}=2n-5$$

를 만족시킬 때, $\displaystyle\sum_{k=1}^{31} a_k$의 값을 구하시오.

227

수열 $\{a_n\}$이 모든 자연수 n에 대하여

$$a_{n+1}=\begin{cases} a_n+3 & (n\text{은 홀수}) \\ 2-a_n & (n\text{은 짝수}) \end{cases}$$

를 만족시킨다. $a_8+a_{19}=-9$일 때, $\displaystyle\sum_{k=1}^{10} a_k$의 값을 구하시오.

228

수열 $\{a_n\}$이 모든 자연수 n에 대하여

$$a_{n+1}=\begin{cases} 2a_n+1 & (|a_n|\leq 1) \\ 3-a_n & (|a_n|>1) \end{cases}$$

을 만족시킨다. $a_2=3$일 때, a_1+a_6의 값은?

① 1 ② 2 ③ 3
④ 4 ⑤ 5

유형 11 수학적 귀납법

유형 및 경향 분석

수학적 귀납법을 이용하여 명제를 증명하는 과정에서 빈칸에 알맞은 식이나 수를 구하는 문제가 출제된다.

📖 실전 가이드

자연수 n에 대한 명제 $p(n)$이 모든 자연수 n에 대하여 성립함을 증명하려면 다음 (i), (ii)를 보이면 된다.
(i) $n=1$일 때, 명제 $p(n)$이 성립한다.
(ii) $n=k$일 때, 명제 $p(n)$이 성립한다고 가정하면 $n=k+1$일 때도 명제 $p(n)$이 성립한다.
이때 (ii)를 증명하기 전에 우선 $p(k+1)$이 성립하는 식을 먼저 세운 다음, $p(k)$의 식에서 $p(k+1)$의 식으로 변형하는 방법을 알아내는 것이 증명의 핵심이다.

229 | 대표 유형 |

2014학년도 평가원 9월

수열 $\{a_n\}$은 $a_1=3$이고

$$na_{n+1}-2na_n+\frac{n+2}{n+1}=0 \ (n\geq 1)$$

을 만족시킨다. 다음은 일반항 a_n이

$$a_n=2^n+\frac{1}{n} \quad \cdots\cdots (*)$$

임을 수학적 귀납법을 이용하여 증명한 것이다.

(i) $n=1$일 때, (좌변)$=a_1=3$, (우변)$=2^1+\dfrac{1}{1}=3$이므로 $(*)$이 성립한다.

(ii) $n=k$일 때 $(*)$이 성립한다고 가정하면

$$a_k=2^k+\frac{1}{k}\text{이므로}$$

$$\begin{aligned} ka_{k+1}&=2ka_k-\frac{k+2}{k+1} \\ &=\boxed{}-\frac{k+2}{k+1} \\ &=k2^{k+1}+\boxed{} \end{aligned}$$

이다. 따라서 $a_{k+1}=2^{k+1}+\dfrac{1}{k+1}$이므로

$n=k+1$일 때도 $(*)$이 성립한다.

(i), (ii)에 의하여 모든 자연수 n에 대하여 $a_n=2^n+\dfrac{1}{n}$이다.

위의 (가), (나)에 알맞은 식을 각각 $f(k)$, $g(k)$라 할 때, $f(3)\times g(4)$의 값은?

① 32 ② 34 ③ 36
④ 38 ⑤ 40

230

자연수 n에 대하여 $a_n = 1 + \dfrac{1}{2} + \dfrac{1}{3} + \cdots + \dfrac{1}{n}$이라 하자.

다음은 2 이상의 모든 자연수 n에 대하여 등식

$$a_1 + a_2 + a_3 + \cdots + a_{n-1} = n(a_n - 1) \quad \cdots\cdots (\ast)$$

이 성립함을 수학적 귀납법을 이용하여 증명한 것이다.

(i) $n = 2$일 때,

(좌변)$= \boxed{(가)}$, (우변)$= \boxed{(가)}$

이므로 $(\ast)$이 성립한다.

(ii) $n = k$일 때, $(\ast)$이 성립한다고 가정하면

$$a_1 + a_2 + a_3 + \cdots + a_{k-1} = k(a_k - 1)$$

양변에 a_k를 더하면

$$a_1 + a_2 + a_3 + \cdots + a_k = (k+1)a_k - k$$

그런데 $a_k = a_{k+1} - \boxed{(나)}$이므로

$$a_1 + a_2 + a_3 + \cdots + a_k = (k+1)(a_{k+1} - 1)$$

따라서 $n = k + 1$일 때도 $(\ast)$이 성립한다.

(i), (ii)에 의하여 2 이상의 모든 자연수 n에 대하여 $(\ast)$이 성립한다.

위의 (가)에 알맞은 수를 a, (나)에 알맞은 식을 $f(k)$라 할 때, $a + f(9)$의 값은?

① $\dfrac{11}{10}$ ② $\dfrac{6}{5}$ ③ $\dfrac{13}{10}$

④ $\dfrac{7}{5}$ ⑤ $\dfrac{3}{2}$

231

다음은 모든 자연수 n에 대하여 등식

$$\sum_{k=1}^{n} \{(2k^2 + 2k - 1) \times 3^{k-1}\} = n^2 \times 3^n \quad \cdots\cdots (\ast)$$

이 성립함을 수학적 귀납법을 이용하여 증명한 것이다.

(i) $n = 1$일 때,

(좌변)$= \boxed{(가)}$, (우변)$= \boxed{(가)}$

이므로 $(\ast)$이 성립한다.

(ii) $n = m$일 때, $(\ast)$이 성립한다고 가정하면

$$\sum_{k=1}^{m+1} \{(2k^2 + 2k - 1) \times 3^{k-1}\}$$

$$= \sum_{k=1}^{m} \{(2k^2 + 2k - 1) \times 3^{k-1}\} + (\boxed{(나)}) \times 3^m$$

$$= m^2 \times 3^m + (\boxed{(나)}) \times 3^m$$

$$= \boxed{(다)} \times 3^{m+1}$$

따라서 $n = m + 1$일 때도 $(\ast)$이 성립한다.

(i), (ii)에 의하여 모든 자연수 n에 대하여 $(\ast)$이 성립한다.

위의 (가)에 알맞은 수를 a, (나), (다)에 알맞은 식을 각각 $f(m)$, $g(m)$이라 할 때, $f(a) + g(a)$의 값은?

① 51 ② 52 ③ 53

④ 54 ⑤ 55

232

n이 자연수일 때, x에 대한 이차방정식 $x^2-2(n+1)x+2n=0$의 두 근을 α_n, β_n이라 하자. $\sum\limits_{n=1}^{99} \log\left(\dfrac{1}{\alpha_n}+\dfrac{1}{\beta_n}\right)$의 값은?

① 1   ② 2   ③ 3   ④ 4   ⑤ 5

해결 **전략**

Step ❶ 이차방정식의 근과 계수의 관계를 이용하여 $\alpha_n+\beta_n$, $\alpha_n\beta_n$을 n에 대한 식으로 나타내기

Step ❷ $\dfrac{1}{\alpha_n}+\dfrac{1}{\beta_n}$을 n에 대한 식으로 나타내기

Step ❸ 로그의 성질을 이용하여 $\sum\limits_{n=1}^{99} \log\left(\dfrac{1}{\alpha_n}+\dfrac{1}{\beta_n}\right)$의 값 구하기

233

두 수열 $\{a_n\}$, $\{b_n\}$이 다음 조건을 만족시킨다.

(가) $\sum\limits_{k=1}^{6}(2a_k+3)=40$, $\sum\limits_{k=1}^{10}(b_k+2)-\sum\limits_{k=1}^{4}(b_{k+6}+k)=30$

(나) 모든 자연수 n에 대하여 $a_{n+6}=a_n$, $b_{13-n}=b_n$이다.

$\sum\limits_{k=1}^{12}(a_k+b_k)$의 값을 구하시오.

해결 **전략**

Step ❶ 조건 (가)에서 $\sum\limits_{k=1}^{6}a_k$, $\sum\limits_{k=1}^{6}b_k$의 값을 각각 구하기

Step ❷ 조건 (나)를 이용하여 $\sum\limits_{k=1}^{12}(a_k+b_k)$를 $\sum\limits_{k=1}^{6}a_k$, $\sum\limits_{k=1}^{6}b_k$에 대한 식으로 나타내기

234

집합 $A_1 = \{1, 2, 3, 4, 5, 6, 7\}$이고 모든 자연수 n에 대하여 집합 A_n이 다음 조건을 만족시킨다.

(가) 집합 A_n은 7개의 연속하는 자연수의 집합이다.

(나) 집합 $A_{n+1} - A_n$의 원소의 개수는 4이다.

(다) $A_n \neq A_{n+2}$

자연수 n에 대하여 집합 A_n의 원소 중 가장 작은 수를 a_n, 가장 큰 수를 b_n이라 할 때, $\displaystyle\sum_{k=1}^{10} a_k b_k$의 값은?

① 6030   ② 6040   ③ 6050   ④ 6060   ⑤ 6070

해결 전략

Step ❶ 세 조건 (가), (나), (다)를 이용하여 집합 A_2, A_3, A_4, … 구하기

Step ❷ 수열 $\{a_n\}$의 일반항 a_n 구하기

Step ❸ 수열 $\{b_n\}$의 일반항 b_n 구하기

Step ❹ Step ❷, ❸을 이용하여 $a_n b_n$을 n에 대한 식으로 나타내기

235

수열 $\{a_n\}$의 첫째항부터 제n항까지의 합을 S_n이라 할 때, 모든 자연수 n에 대하여
$$S_{2n} = 2^n, \quad S_{2n+1} = 2^n + p$$
가 성립한다. $a_1 = a_2$일 때, $\displaystyle\sum_{k=1}^{10} a_{2k} = 996$을 만족시키는 정수 p의 값은?

① -5 ② -3 ③ -1 ④ 1 ⑤ 3

해결 전략

Step ❶ $a_1 = a_2$임을 이용하여 a_1, a_2의 값 구하기

Step ❷ 수열의 합과 일반항 사이의 관계를 이용하여 일반항 a_{2k} 구하기

Step ❸ $\displaystyle\sum_{k=1}^{10} a_{2k}$를 p에 대한 식으로 나타내기

236

다음은 모든 자연수 n에 대하여

$$\sum_{k=1}^{2^n-1} \frac{2}{k+1} \geq n \qquad \cdots\cdots (*)$$

이 성립함을 수학적 귀납법으로 증명한 것이다.

정답 및 해설 43쪽

> (i) $n=1$일 때,
>
>   (좌변)$=\boxed{\text{(가)}}$, (우변)$=\boxed{\text{(가)}}$
>
>   이므로 $(*)$이 성립한다.
>
> (ii) $n=m$일 때, $(*)$이 성립한다고 가정하면
>
> $$\sum_{k=1}^{2^{m+1}-1} \frac{2}{k+1} = \sum_{k=1}^{\boxed{\text{(나)}}} \frac{2}{k+1} + \left(\frac{2}{2^m+1} + \frac{2}{2^m+2} + \cdots + \frac{2}{2^{m+1}} \right)$$
>
> $$\geq m + \left(\frac{2}{2^m+1} + \frac{2}{2^m+2} + \cdots + \frac{2}{2^{m+1}} \right)$$
>
> $$= m + \sum_{l=1}^{2^m} \frac{2}{2^m+l}$$
>
> $$\geq m + \sum_{l=1}^{2^m} \frac{2}{\boxed{\text{(다)}}+2^m} = m+1$$
>
> 따라서 $n=m+1$일 때도 $(*)$이 성립한다.
>
> (i), (ii)에 의하여 모든 자연수 n에 대하여 $(*)$이 성립한다.

위의 (가)에 알맞은 수를 a, (나), (다)에 알맞은 식을 각각 $f(m)$, $g(m)$이라 할 때, $f(4a)+g(a+3)$의 값은?

① 28 　　② 29 　　③ 30 　　④ 31 　　⑤ 32

해결 전략

Step ❶ 주어진 식을 이용하여 (가)에 알맞은 수 구하기

Step ❷ $\sum$의 성질을 이용하여 (나)에 알맞은 식 구하기

Step ❸ 주어진 식을 $\sum$를 이용하여 정리하고 (다)에 알맞은 식 구하기

237

자연수 n에 대하여 x에 대한 방정식

$$n \times 4^x - (n+2) \times 2^{x+1} + n + 1 = 0$$

의 서로 다른 두 근의 합을 a_n이라 할 때, $\sum\limits_{k=1}^{m} a_k = 8$이 되도록 하는 자연수 m의 값을 구하시오.

해결 전략

Step ❶ $2^x = t$라 하고 주어진 방정식을 t에 대한 방정식으로 나타내기

Step ❷ 이차방정식의 서로 다른 두 근의 합을 n에 대한 식으로 나타내기

Step ❸ $\sum\limits_{k=1}^{m} a_k$를 m에 대한 식으로 나타내기

238

수열 $\{a_n\}$은 $0 < a_1 < 4$, $a_3 = 3$이고, 모든 자연수 n에 대하여

$$a_{n+1} = a_n(4 - a_n)$$

을 만족시킨다. a_1이 될 수 있는 모든 a_1의 값의 합을 S라 할 때, $S + a_{10}$의 값을 구하시오.

해결 전략

Step ❶ $n \geq 3$인 모든 자연수 n에 대하여 a_n의 값 구하기

Step ❷ 조건을 만족시키는 모든 a_1의 값 구하기

Step ❸ a_n을 이용하여 a_{10}의 값 구하기

239

등차수열 $\{a_n\}$의 첫째항부터 제n항까지의 합을 S_n이라 하자. 모든 자연수 n에 대하여

$$|S_{n+1}-S_n+a_{n+2}|=8n-8, \ a_5<0$$

이 성립할 때, a_2의 값은?

① -4 ② -2 ③ 0 ④ 2 ⑤ 4

해결 전략

Step ❶ 수열의 합과 일반항 사이의 관계를 이용하여 절댓값 기호 안의 식 정리하기

Step ❷ $n=1$일 때의 식의 값을 이용하여 a_2와 a_3 사이의 관계 구하기

Step ❸ 등차수열 $\{a_n\}$의 일반항과 $n=2$일 때의 식의 값을 이용하여 $a_5<0$을 만족시키는 첫째항과 공차 구하기

240

그림과 같이 $\angle A=90°$인 직각삼각형 ABC의 꼭짓점 A에서 선분 BC에 내린 수선의 발을 D라 하자. 세 선분 CD, AC, BD의 길이가 이 순서대로 등차수열을 이루고, 선분 AB의 길이가 $2\sqrt{3}$일 때, 선분 AD의 길이는?

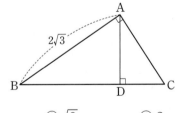

① 1 ② $\sqrt{2}$ ③ $\sqrt{3}$ ④ 2 ⑤ $2\sqrt{2}$

해결 전략

Step ❶ 삼각형 ABC와 삼각형 DAC가 서로 닮음임을 이용하여 선분의 길이에 대한 관계식 세우기

Step ❷ 세 선분 CD, AC, BD의 길이가 이 순서대로 등차수열을 이룸을 이용하여 관계식 세우기

Step ❸ 직각삼각형 ABC에서 피타고라스 정리를 이용하여 관계식 세우기

Step ❹ Step ❶, ❷, ❸의 관계식을 이용하여 세 선분 CD, AC, BD의 길이 구하기

241

수열 $\{a_n\}$에 대하여 $S_n = \sum\limits_{k=1}^{n} a_k$라 할 때, 모든 자연수 n에 대하여

$$(2^{S_n} - 1)(2^{a_n} - 1) = 1$$

이 성립한다. a_{10}의 값은?

① $\log_2 \dfrac{10}{9}$ ② $\log_2 \dfrac{11}{10}$ ③ $\log_2 \dfrac{12}{11}$ ④ $\log_2 \dfrac{10}{11}$ ⑤ $\log_2 \dfrac{11}{12}$

해결 전략

Step ❶ $S_1 = a_1$임을 이용하여 a_1의 값 구하기

Step ❷ $a_n = S_n - S_{n-1} \ (n \geq 2)$임을 이용하여 2^{S_n}과 $2^{S_{n-1}}$ 사이의 관계식 구하기

Step ❸ $2^{S_n} = b_n$이라 하고 수열 $\{b_n\}$의 일반항 b_n 구하기

242

공차가 0이 아닌 등차수열 $\{a_n\}$의 첫째항부터 제n항까지의 합을 S_n이라 할 때, $S_{48}=0$이다. | 보기 |에서 옳은 것만을 있는 대로 고른 것은?

---| 보기 |---

ㄱ. 서로 다른 두 자연수 p, q에 대하여 $p+q=49$일 때, $a_p+a_q=0$이다.

ㄴ. 서로 다른 두 자연수 p, q에 대하여 $p+q=48$일 때, $S_p=S_q$이다.

ㄷ. $\displaystyle\sum_{k=41}^{48} a_k = \frac{1}{11}S_{88}$

---

① ㄱ   ② ㄷ   ③ ㄱ, ㄴ   ④ ㄴ, ㄷ   ⑤ ㄱ, ㄴ, ㄷ

해결 전략

Step ❶ 수열 $\{a_n\}$이 등차수열이고, $S_{48}=\dfrac{48(a_1+a_{48})}{2}$임을 이용하여 ㄱ의 참, 거짓 판단하기

Step ❷ **Step ❶**에서 구한 수열 $\{a_n\}$의 각 항 사이의 관계를 이용하여 ㄴ의 참, 거짓 판단하기

Step ❸ 수열 $\{a_n\}$이 등차수열임을 이용하여 ㄷ의 참, 거짓 판단하기

243

수열 $\{a_n\}$이 모든 자연수 n에 대하여

$$a_{n+2}=\begin{cases} \dfrac{a_{n+1}+a_n}{2} & (|a_{n+1}-a_n|>1) \\ 2a_{n+1}-a_n & (|a_{n+1}-a_n|\leq1) \end{cases}$$

을 만족시킨다. $a_1=0$이고 $a_2\leq8$일 때, | 보기 |에서 옳은 것만을 있는 대로 고른 것은?

┤ 보기 ├

ㄱ. $0<a_2\leq1$일 때, a_1, a_2, a_3, a_4는 이 순서대로 등차수열을 이룬다.

ㄴ. $2<a_2\leq4$일 때, $a_4<a_5$이다.

ㄷ. $a_5=3$일 때, a_2가 될 수 있는 모든 a_2의 값의 합은 $\dfrac{171}{20}$이다.

① ㄱ　　　② ㄱ, ㄴ　　　③ ㄱ, ㄷ　　　④ ㄴ, ㄷ　　　⑤ ㄱ, ㄴ, ㄷ

해결 전략

Step ❶ $0<a_2\leq1$일 때, a_1, a_2, a_3, a_4 사이의 관계를 알아보고 ㄱ의 참, 거짓 판단하기

Step ❷ $2<a_2\leq4$일 때, a_4, a_5를 각각 a_2에 대한 식으로 나타내고 ㄴ의 참, 거짓 판단하기

Step ❸ ㄱ, ㄴ에서 알게 된 수열 사이의 관계를 이용하여 ㄷ의 참, 거짓 판단하기

메가스터디 N제

수학영역 수학Ⅰ | 3점 공략

수능 완벽 대비 예상 문제집

정답 및 해설

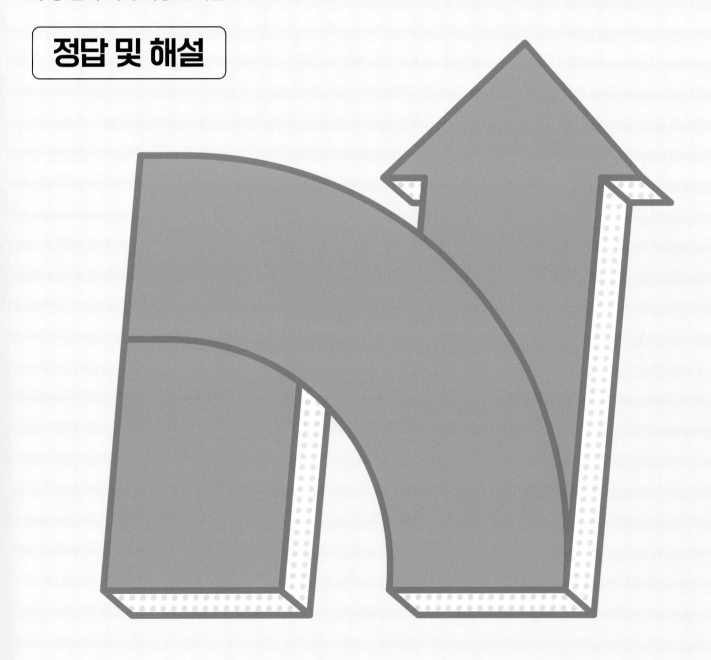

243제

메가스터디BOOKS

메가스터디 N제

수학영역 수학 I | 3점 공략

243제

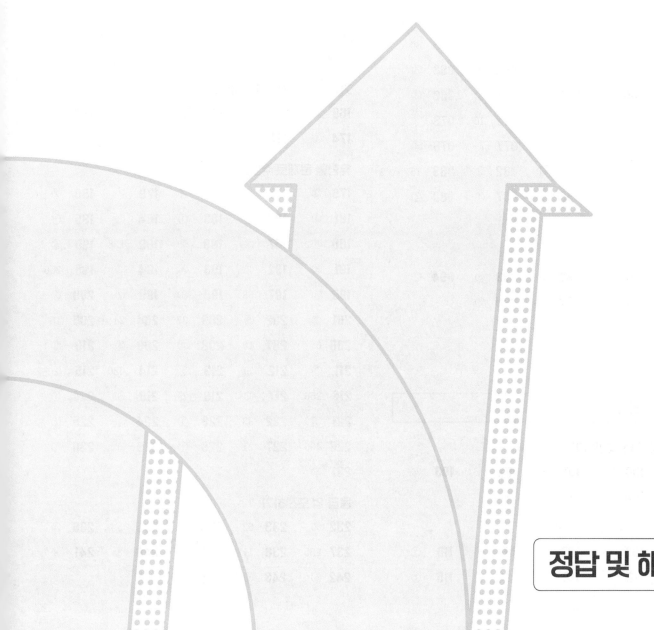

정답 및 해설

Ⅰ 지수함수와 로그함수

기출문제로 개념 확인하기

001 ⑤	002 2	003 ②	004 ⑤	005 ④
006 ③	007 ⑤	008 6		

유형별 문제로 수능 대비하기

009 ①	010 ③	011 ④	012 ⑤	013 12
014 ③	015 ②	016 ②	017 ②	018 35
019 31	020 56	021 8	022 ①	023 ⑤
024 ③	025 ④	026 ⑤	027 ⑤	028 ②
029 16	030 ③	031 ⑤	032 ⑤	033 10
034 ②	035 15	036 ④	037 3	038 ③
039 ②	040 ②	041 20	042 ⑤	043 ⑤
044 ④	045 ④	046 ③	047 ②	048 ①
049 ③	050 ③	051 ③	052 ⑤	053 ②
054 5	055 3	056 8	057 5	058 80
059 2	060 ②	061 ③	062 ③	063 ⑤
064 ⑤	065 ③	066 12	067 ④	068 ③
069 ③	070 ⑤	071 ③	072 16	073 ③
074 20	075 8	076 8	077 7	078 ④
079 ③	080 81	081 ④	082 ③	083 15
084 ③	085 ②	086 ①	087 ④	088 ④
089 ④				

등급 업 도전하기

090 ⑤	091 ④	092 ③	093 ③	094 ③
095 ①	096 4	097 ③	098 ③	

Ⅱ 삼각함수

기출문제로 개념 확인하기

099 ④	100 ②	101 6	102 ⑤	103 ④
104 21	105 ⑤			

유형별 문제로 수능 대비하기

106 32	107 ③	108 ④	109 ①	110 ①
111 ①	112 ④	113 ④	114 ③	115 ①
116 ⑤	117 ④	118 ③	119 8	120 9
121 ①	122 ③	123 11	124 ③	125 ④
126 ④	127 ④	128 ④	129 ①	130 ⑤
131 ⑤	132 ②	133 1	134 ③	135 ⑤
136 ④	137 ⑤	138 ④	139 25	140 ④
141 ③	142 ③	143 4	144 ⑤	145 ④
146 ③	147 ③	148 34	149 ③	150 ②
151 ⑤	152 5	153 ①	154 ③	155 32
156 ④	157 ④	158 12		

등급 업 도전하기

159 32	160 7	161 ③	162 75	163 ③
164 ③	165 ④	166 ④	167 ⑤	168 6

Ⅲ 수열

기출문제로 개념 확인하기

169 ⑤	170 ④	171 ⑤	172 ④	173 ②
174 ①	175 ②			

유형별 문제로 수능 대비하기

176 ③	177 ②	178 ④	179 ④	180 ②
181 ①	182 ②	183 ①	184 ③	185 ①
186 ⑤	187 ⑤	188 ②	189 128	190 ⑤
191 ④	192 ②	193 ④	194 ③	195 256
196 ③	197 68	198 ①	199 ②	200 ②
201 ③	202 ⑤	203 37	204 24	205 15
206 6	207 10	208 ④	209 ④	210 ④
211 ③	212 ⑤	213 ①	214 626	215 ②
216 256	217 ②	218 ⑤	219 ③	220 ①
221 ①	222 33	223 ①	224 ④	225 ①
226 406	227 21	228 ①	229 ⑤	230 ①
231 ③				

등급 업 도전하기

232 ②	233 62	234 ⑤	235 ⑤	236 ④
237 255	238 11	239 ④	240 ③	241 ②
242 ⑤	243 ⑤			

I 지수함수와 로그함수

001 답 ⑤

$$\left(\frac{4}{2^{\sqrt{2}}}\right)^{2+\sqrt{2}}=\left(\frac{2^2}{2^{\sqrt{2}}}\right)^{2+\sqrt{2}}=\left(2^{2-\sqrt{2}}\right)^{2+\sqrt{2}}$$
$$=2^{(2-\sqrt{2})(2+\sqrt{2})}=2^2=4$$

002 답 2

$$\log_4\frac{2}{3}+\log_4 24=\log_4\left(\frac{2}{3}\times 24\right)=\log_4 16=\log_4 4^2=2$$

003 답 ②

$\log_2 5=a$에서 $\log_5 2=\dfrac{1}{a}$이므로

$$\log_5 12=\log_5 (2^2\times 3)=2\log_5 2+\log_5 3=\frac{2}{a}+b$$

004 답 ⑤

함수 $f(x)$의 밑 $\dfrac{1}{3}$이 $0<\dfrac{1}{3}<1$이므로 함수 $f(x)$는 x의 값이 증가하면 $f(x)$의 값은 감소한다.

따라서 $0\le x\le 4$에서 함수 $f(x)$는 $x=0$에서 최댓값을 가지므로 최댓값은

$$f(0)=\left(\frac{1}{3}\right)^{-2}+1=9+1=10$$

005 답 ④

$\left(\dfrac{1}{4}\right)^{-x}=64$에서 $(4^{-1})^{-x}=4^3$

$4^x=4^3$ $\therefore x=3$

006 답 ③

$5^{2x-7}\le\left(\dfrac{1}{5}\right)^{x-2}$에서 $5^{2x-7}\le 5^{-x+2}$

이때 밑 5가 $5>1$이므로

$2x-7\le -x+2$ $\therefore x\le 3$ …… ㉠

따라서 ㉠을 만족시키는 자연수 x의 개수는

1, 2, 3의 3

007 답 ⑤

함수 $y=a+\log_2 x$의 그래프가 점 $(4, 7)$을 지나므로

$7=a+\log_2 4$에서 $7=a+2$

$\therefore a=5$

008 답 6

진수의 조건에 의하여

$x+2>0$, $x-2>0$

$\therefore x>2$ …… ㉠

$\log_2 (x+2)+\log_2 (x-2)=5$에서

$\log_2 (x+2)(x-2)=\log_2 32$

$(x+2)(x-2)=32$, $x^2-4=32$

$x^2=36$ $\therefore x=6\ (\because ㉠)$

009 답 ①

$-n^2+9n-18$의 n제곱근 중에서 음의 실수가 존재하기 위해서는

$-n^2+9n-18>0$일 때 n이 짝수이거나

$-n^2+9n-18<0$일 때 n이 홀수이어야 한다.

$-n^2+9n-18=-(n-3)(n-6)$이므로

(i) $-n^2+9n-18>0$이면

    $-(n-3)(n-6)>0$, $(n-3)(n-6)<0$

    $\therefore 3<n<6$

    이때 n은 짝수이어야 하므로 조건을 만족시키는 n의 값은

    4

(ii) $-n^2+9n-18<0$이면

    $-(n-3)(n-6)<0$, $(n-3)(n-6)>0$

    $\therefore 2\le n<3$ 또는 $6<n\le 11\ (\because 2\le n\le 11)$

    이때 n은 홀수이어야 하므로 조건을 만족시키는 n의 값은

    7, 9, 11

(i), (ii)에서 구하는 모든 n의 값의 합은

$4+7+9+11=31$

010 답 ③

α는 -8의 세제곱근이므로 $\alpha^3=-8$

β는 4의 네제곱근 중 양의 실수인 것이므로

$\beta^4=4$에서 $\beta^2=2$

$\therefore \alpha^3+3\beta^2=-8+3\times 2=-2$

011 답 ④

a가 $\sqrt{3}$의 세제곱근 중 실수이므로

$a=\sqrt[3]{\sqrt{3}}=\sqrt[6]{3}$

$a\times\sqrt[6]{12}$, 즉 $\sqrt[6]{3}\times\sqrt[6]{12}=\sqrt[6]{36}=\sqrt[3]{6}$은 자연수 n의 세제곱근이므로

$\sqrt[3]{6}=\sqrt[3]{n}$

$\therefore n=6$

012 답 ⑤

$\sqrt[3]{\dfrac{8}{3}}=\sqrt[3]{\dfrac{2^3}{3}}$ 이고

$(\sqrt[3]{24})^2=\sqrt[3]{24^2}=\sqrt[3]{(2^3\times3)^2}=\sqrt[3]{2^6\times3^2}$ 이므로

$\sqrt[3]{\dfrac{8}{3}}\times k=(\sqrt[3]{24})^2$ 에서

$\sqrt[3]{\dfrac{2^3}{3}}\times k=\sqrt[3]{2^6\times3^2}$

$\therefore\ k=\dfrac{\sqrt[3]{2^6\times3^2}}{\sqrt[3]{\dfrac{2^3}{3}}}=\sqrt[3]{\dfrac{2^6\times3^2}{\dfrac{2^3}{3}}}$

$\qquad=\sqrt[3]{2^6\times3^2\times\dfrac{3}{2^3}}=\sqrt[3]{6^3}=6$

013 답 12

$\sqrt[3]{\dfrac{\sqrt[4]{32}}{\sqrt2}}\times\sqrt{\dfrac{\sqrt[6]{4}}{\sqrt[12]{16}}}=\sqrt[3]{\dfrac{\sqrt[4]{2^5}}{\sqrt2}}\times\sqrt{\dfrac{\sqrt[6]{2^2}}{\sqrt[12]{2^4}}}$

$\qquad=\dfrac{\sqrt[12]{2^5}}{\sqrt[6]{2}}\times\dfrac{\sqrt[12]{2^2}}{\sqrt[24]{2^4}}$

$\qquad=\dfrac{\sqrt[12]{2^5}}{\sqrt[6]{2}}\times\dfrac{\sqrt[6]{2}}{\sqrt[12]{2^2}}$

$\qquad=\dfrac{\sqrt[12]{2^5}}{\sqrt[12]{2^2}}=\sqrt[12]{\dfrac{2^5}{2^2}}$

$\qquad=\sqrt[12]{2^3}=\sqrt[4]{2}$

즉, $(\sqrt[4]{2})^n$이 10 이하의 자연수가 되도록 하는 n의 값은 4의 배수이
므로

$n=4,\ 8,\ 12$

따라서 구하는 n의 최댓값은 12이다.

014 답 ③

$(a^{\frac{2}{3}})^{\frac{1}{2}}=a^{\frac{2}{3}\times\frac{1}{2}}=a^{\frac{1}{3}}$

$a^{\frac{1}{3}}$의 값이 자연수가 되기 위해서는 자연수 a를 어떤 자연수의 세
제곱 꼴로 나타낼 수 있어야 한다.

$1^3=1,\ 2^3=8,\ 3^3=27,\ \cdots$이고 a는 10 이하의 자연수이므로

$a^{\frac{1}{3}}$의 값이 자연수가 되는 a의 값은 1, 8이다.

따라서 구하는 모든 a의 값의 합은

$1+8=9$

015 답 ②

$\sqrt{\dfrac{16^2+4^5+1}{8^4+4^5+4}}=\sqrt{\dfrac{2^8+2^{10}+1}{2^{12}+2^{10}+2^2}}=\sqrt{\dfrac{2^{10}+2^8+1}{2^2(2^{10}+2^8+1)}}$

$\qquad=\sqrt{\dfrac{1}{2^2}}=\dfrac{1}{2}=2^{-1}$

따라서 $2^k=2^{-1}$이므로

$k=-1$

016 답 ②

$(a^{-2})^4\times(a^k)^{-2}\div(a^{\sqrt7}\times a^{-5-\sqrt7})=a^{-8}\times a^{-2k}\div a^{\sqrt7+(-5-\sqrt7)}$

$\qquad=a^{-8+(-2k)-(-5)}$

$\qquad=a^{-2k-3}=a^3$

따라서 $-2k-3=3$이므로

$k=-3$

017 답 ②

$\left(\dfrac{2}{2^{\sqrt3}}\right)^{1+\sqrt3}\times(\sqrt[m]{4})^3=(2^{1-\sqrt3})^{1+\sqrt3}\times(2^{\frac{2}{m}})^3$

$\qquad=2^{(1-\sqrt3)(1+\sqrt3)}\times2^{\frac{6}{m}}$

$\qquad=2^{-2+\frac{6}{m}}$

$2^{-2+\frac{6}{m}}$의 값이 자연수가 되려면 $-2+\dfrac{6}{m}$의 값이 음이 아닌 정수
이어야 하므로 m은 6의 약수이다.

$-2+\dfrac{6}{m}\geq0$에서 $\dfrac{6}{m}\geq2$

$2m\leq6\ (\because\ m\geq2)\qquad\therefore\ 2\leq m\leq3$

따라서 구하는 정수 m의 개수는 2, 3의 2이다.

018 답 35

$81=\sqrt{a}$의 양변을 제곱하면

$(81)^2=a$에서 $(3^4)^2=a,\ 3^8=a\qquad\therefore\ 3=a^{\frac{1}{8}}$

$8=\sqrt[3]{b}$의 양변을 세제곱하면

$8^3=b$에서 $(2^3)^3=b,\ 2^9=b\qquad\therefore\ 2=b^{\frac{1}{9}}$

한편, $72=2^3\times3^2$이므로

$72^{15}=(2^3\times3^2)^{15}=\{(b^{\frac{1}{9}})^3\times(a^{\frac{1}{8}})^2\}^{15}$

$\qquad=(b^{\frac{1}{3}}\times a^{\frac{1}{4}})^{15}=a^{\frac{15}{4}}\times b^5$

따라서 $m=\dfrac{15}{4}$, $n=5$이므로

$4(m+n)=4\times\left(\dfrac{15}{4}+5\right)=15+20=35$

019 답 31

이차방정식 $4x^2-8x+3=0$의 두 근이 α, β이므로 이차방정식의
근과 계수의 관계에 의하여

$\alpha+\beta=2,\ \alpha\beta=\dfrac{3}{4}$

즉,

$(81^\alpha)^\beta=81^{\alpha\beta}=81^{\frac{3}{4}}=(3^4)^{\frac{3}{4}}=3^3=27$

이고

$\sqrt[3]{8^\alpha}\times\sqrt[3]{8^\beta}=\sqrt[3]{8^\alpha\times8^\beta}=\sqrt[3]{8^{\alpha+\beta}}=\sqrt[3]{8^2}$

$\qquad=8^{\frac{2}{3}}=(2^3)^{\frac{2}{3}}=2^2=4$

이므로

$(81^\alpha)^\beta+\sqrt[3]{8^\alpha}\times\sqrt[3]{8^\beta}=27+4=31$

020 답 56

$\log_2 (x+2y)=3$에서 $x+2y=2^3=8$

$\log_2 x+\log_2 y=1$에서 $\log_2 xy=1$ $\quad\therefore xy=2$

$\therefore x^2+4y^2=(x+2y)^2-4xy=8^2-4\times 2=56$

021 답 8

$\log_4 2a=\dfrac{5}{4}$에서 $2a=4^{\frac{5}{4}}$

$\therefore a=(2^2)^{\frac{5}{4}}\div 2=2^{\frac{5}{2}-1}=2^{\frac{3}{2}}$

$\therefore a^2=(2^{\frac{3}{2}})^2=2^3=8$

022 답 ①

$27^{a+1}\times 9^{b-1}=(3^3)^{a+1}\times (3^2)^{b-1}$

$\qquad\qquad\qquad =3^{3a+3}\times 3^{2b-2}$

$\qquad\qquad\qquad =3^{3a+2b+1}$

이므로 $3^{3a+2b+1}=30$에서

$3\times 3^{3a+2b}=30$ $\quad\therefore 3^{3a+2b}=10$

따라서 로그의 정의에 의하여

$3a+2b=\log_3 10$

023 답 ⑤

$a\log_{800} 2+b\log_{800} 5=c$에서

$\log_{800} 2^a+\log_{800} 5^b=c$

즉, $\log_{800} (2^a\times 5^b)=c$이므로

$2^a\times 5^b=800^c$

한편, $800=2^5\times 5^2$이므로

$800^c=(2^5\times 5^2)^c=2^{5c}\times 5^{2c}$

따라서 $a=5c$, $b=2c$이고 a, b는 서로소이므로

$c=1$, $a=5$, $b=2$

$\therefore a+2b+3c=5+2\times 2+3\times 1=12$

> **참고**
> $a=5c$, $b=2c$에서 a, b는 c를 약수로 가지므로 a, b가 서로소이면 $c=1$이어야 한다.

024 답 ③

$\log_a (x^2+2ax+6a)$에서

밑의 조건에 의하여 $a>0$, $a\neq 1$ $\qquad$ ...... ㉠

진수의 조건에 의하여 $x^2+2ax+6a>0$ $\qquad$ ...... ㉡

모든 실수 x에 대하여 부등식 ㉡이 성립하려면 이차방정식

$x^2+2ax+6a=0$의 판별식을 D라 할 때

$\dfrac{D}{4}=a^2-6a<0$

$a(a-6)<0$ $\quad\therefore 0<a<6$ $\qquad$ ...... ㉢

㉠, ㉢의 공통부분을 구하면

$0<a<6$, $a\neq 1$

따라서 조건을 만족시키는 정수 a는 2, 3, 4, 5이므로 그 합은

$2+3+4+5=14$

025 답 ④

$\dfrac{1}{3a}+\dfrac{1}{2b}=\dfrac{3a+2b}{6ab}=\dfrac{\log_3 32}{6\log_9 2}$

$\qquad\qquad\quad =\dfrac{\log_3 2^5}{6\log_{3^2} 2}=\dfrac{5\log_3 2}{3\log_3 2}=\dfrac{5}{3}$

026 답 ⑤

$(\log_2 3+\log_8 9)(\log_3 2+\log_9 8)$

$=(\log_2 3+\log_{2^3} 3^2)(\log_3 2+\log_{3^2} 2^3)$

$=\left(\log_2 3+\dfrac{2}{3}\log_2 3\right)\left(\log_3 2+\dfrac{3}{2}\log_3 2\right)$

$=\dfrac{5}{3}\log_2 3\times \dfrac{5}{2}\log_3 2$

$=\dfrac{25}{6}\times \log_2 3\times \dfrac{1}{\log_2 3}=\dfrac{25}{6}$

다른 풀이

$(\log_2 3+\log_8 9)(\log_3 2+\log_9 8)$

$=\log_2 3\times \log_3 2+\log_2 3\times \log_9 8+\log_8 9\times \log_3 2$

$\qquad\qquad\qquad\qquad\qquad\qquad +\log_8 9\times \log_9 8$

$=1+\log_2 3\times \log_{3^2} 2^3+\log_{2^3} 3^2\times \log_3 2+1$

$=2+\log_2 3\times \dfrac{3}{2}\log_3 2+\dfrac{2}{3}\log_2 3\times \log_3 2$

$=2+\dfrac{3}{2}+\dfrac{2}{3}=\dfrac{25}{6}$

027 답 ⑤

$\log_5 36=\dfrac{\log_{10} 36}{\log_{10} 5}$이고

$\log_{10} 36=\log_{10} (2^2\times 3^2)=2(\log_{10} 2+\log_{10} 3)$,

$\log_{10} 5=\log_{10} \dfrac{10}{2}=\log_{10} 10-\log_{10} 2=1-\log_{10} 2$

이므로

$\log_5 36=\dfrac{2(\log_{10} 2+\log_{10} 3)}{1-\log_{10} 2}$

$\qquad\quad =\dfrac{2(a+b)}{1-a}$

028 답 ②

$\dfrac{3}{\log_2 x}+\dfrac{2}{\log_3 x}+\dfrac{1}{\log_6 x}=\dfrac{1}{\log_a x}$에서

$3\log_x 2+2\log_x 3+\log_x 6=\log_x a$

$\log_x (2^3\times 3^2\times 6)=\log_x a$

즉, $a=2^3\times3^2\times(2\times3)=2^4\times3^3$이므로 $3a=2^4\times3^4=6^4$

$\therefore \log_6 3a=\log_6 6^4=4$

029 답 16

이차방정식 $x^2-6x+2=0$의 두 근이 $\log_3 a$, $\log_3 b$이므로 이차방정식의 근과 계수의 관계에 의하여

$\log_3 a+\log_3 b=6$, $\log_3 a\times\log_3 b=2$

$\therefore \log_a b+\dfrac{1}{\log_a b}=\dfrac{\log_3 b}{\log_3 a}+\dfrac{\log_3 a}{\log_3 b}$

$\qquad\qquad\qquad\quad=\dfrac{(\log_3 a)^2+(\log_3 b)^2}{\log_3 a\times\log_3 b}$

$\qquad\qquad\qquad\quad=\dfrac{(\log_3 a+\log_3 b)^2-2\log_3 a\times\log_3 b}{\log_3 a\times\log_3 b}$

$\qquad\qquad\qquad\quad=\dfrac{6^2-2\times2}{2}=16$

030 답 ③

$a^2=b^3$에서 $a=b^{\frac{3}{2}}$

$b^3=c^5$에서 $b=c^{\frac{5}{3}}$

$c^5=a^2$에서 $c=a^{\frac{2}{5}}$

$\therefore \log_{\frac{b}{a}} b+\log_{\frac{c}{b}} c+\log_{\frac{a}{c}} a$

$=\dfrac{1}{\log_b \frac{b}{a}}+\dfrac{1}{\log_c \frac{c}{b}}+\dfrac{1}{\log_a \frac{a}{c}}$

$=\dfrac{1}{1-\log_b a}+\dfrac{1}{1-\log_c b}+\dfrac{1}{1-\log_a c}$

$=\dfrac{1}{1-\log_b b^{\frac{3}{2}}}+\dfrac{1}{1-\log_c c^{\frac{5}{3}}}+\dfrac{1}{1-\log_a a^{\frac{2}{5}}}$

$=\dfrac{1}{1-\frac{3}{2}}+\dfrac{1}{1-\frac{5}{3}}+\dfrac{1}{1-\frac{2}{5}}$

$=-2-\dfrac{3}{2}+\dfrac{5}{3}=-\dfrac{11}{6}$

다른 풀이

1이 아닌 서로 다른 세 양수 a, b, c에 대하여

$a^2=b^3=c^5=t$ $(t>0,\ t\neq1)$이라 하면

$a^2=t$에서 $\log_t a^2=1$ $\quad\therefore \log_t a=\dfrac{1}{2}$

$b^3=t$에서 $\log_t b^3=1$ $\quad\therefore \log_t b=\dfrac{1}{3}$

$c^5=t$에서 $\log_t c^5=1$ $\quad\therefore \log_t c=\dfrac{1}{5}$

$\therefore \log_{\frac{b}{a}} b+\log_{\frac{c}{b}} c+\log_{\frac{a}{c}} a$

$=\dfrac{\log_t b}{\log_t \frac{b}{a}}+\dfrac{\log_t c}{\log_t \frac{c}{b}}+\dfrac{\log_t a}{\log_t \frac{a}{c}}$

$=\dfrac{\log_t b}{\log_t b-\log_t a}+\dfrac{\log_t c}{\log_t c-\log_t b}+\dfrac{\log_t a}{\log_t a-\log_t c}$

$=\dfrac{\frac{1}{3}}{\frac{1}{3}-\frac{1}{2}}+\dfrac{\frac{1}{5}}{\frac{1}{5}-\frac{1}{3}}+\dfrac{\frac{1}{2}}{\frac{1}{2}-\frac{1}{5}}$

$=-2-\dfrac{3}{2}+\dfrac{5}{3}=-\dfrac{11}{6}$

031 답 ⑤

$ab=81$의 양변에 밑이 3인 로그를 취하면

$\log_3 ab=\log_3 81=\log_3 3^4=4$

$\therefore \log_3 a+\log_3 b=4$ $\quad\cdots\cdots\ \bigcirc$

$\log_3 a=\log_b 27$을 $\bigcirc$에 대입하면

$\log_b 27+\log_3 b=4$에서

$3\log_b 3+\log_3 b=4$

$\dfrac{3}{\log_3 b}+\log_3 b=4$

$(\log_3 b)^2-4\log_3 b+3=0$

$(\log_3 b-1)(\log_3 b-3)=0$

$\therefore \log_3 b=1$ 또는 $\log_3 b=3$

이것을 $\bigcirc$에 대입하면

$\log_3 b=1$일 때 $\log_3 a=3$

$\log_3 b=3$일 때 $\log_3 a=1$

따라서 $a=27$, $b=3$ 또는 $a=3$, $b=27$이므로

구하는 모든 $\dfrac{b}{a}$의 값의 합은

$\dfrac{3}{27}+\dfrac{27}{3}=\dfrac{82}{9}$

다른 풀이

$\log_3 a=\log_b 27$에서

$\log_3 a=\dfrac{\log_3 27}{\log_3 b}=\dfrac{3}{\log_3 b}$

$\therefore \log_3 a\times\log_3 b=3$ $\quad\cdots\cdots\ \bigcirc\!\bigcirc$

$\bigcirc$, $\bigcirc\!\bigcirc$에서

$\left(\log_3 \dfrac{b}{a}\right)^2=(\log_3 b-\log_3 a)^2$

$\qquad\qquad\quad=(\log_3 a+\log_3 b)^2-4\log_3 a\times\log_3 b$

$\qquad\qquad\quad=4^2-4\times3=4$

$\therefore \log_3 \dfrac{b}{a}=-2$ 또는 $\log_3 \dfrac{b}{a}=2$

따라서 $\dfrac{b}{a}=\dfrac{1}{9}$ 또는 $\dfrac{b}{a}=9$이므로 주어진 등식이 성립하도록 하는

모든 $\dfrac{b}{a}$의 값의 합은

$\dfrac{1}{9}+9=\dfrac{82}{9}$

032 답 ⑤

$\log_{\sqrt{ab}} b=2\log_{ab} b=\dfrac{2\log_b b}{\log_b ab}=\dfrac{2}{\log_b a+1}$이므로

$(\log_a b)^2=\log_{\sqrt{ab}} b$에서

$\left(\dfrac{1}{\log_b a}\right)^2=\dfrac{2}{\log_b a+1}$

$\dfrac{1}{(\log_b a)^2}=\dfrac{2}{\log_b a+1}$

이때 $\log_b a=t$ $(t\neq0,\ t\neq-1)$이라 하면

$\dfrac{1}{t^2}=\dfrac{2}{t+1}$, $2t^2-t-1=0$

$(2t+1)(t-1)=0$

$\therefore t=-\dfrac{1}{2}$ 또는 $t=1$

그런데 a와 b는 서로 다른 양수이므로
$\log_b a \neq 1$
$\therefore \log_b a = -\dfrac{1}{2}$

033 답 10

$\log x^3 - \log \dfrac{1}{x^2} = 3\log x - \log x^{-2}$
$\qquad\qquad\qquad = 3\log x + 2\log x$
$\qquad\qquad\qquad = 5\log x$
$10 \leq x < 1000$에서 $\log 10 \leq \log x < \log 1000$
$1 \leq \log x < 3$ $\therefore 5 \leq 5\log x < 15$
즉, 자연수인 $5\log x$의 값은
$5, 6, 7, 8, \cdots, 14$
이므로
$\log x = 1, \dfrac{6}{5}, \dfrac{7}{5}, \dfrac{8}{5}, \cdots, \dfrac{14}{5}$
$\therefore x = 10, 10^{\frac{6}{5}}, 10^{\frac{7}{5}}, 10^{\frac{8}{5}}, \cdots, 10^{\frac{14}{5}}$
따라서 구하는 x의 개수는 10이다.

034 답 ②

$\log 314^2 = 2\log 314$
$\qquad\quad = 2\log(10^2 \times 3.14)$
$\qquad\quad = 2(\log 10^2 + \log 3.14)$
$\qquad\quad = 2 \times (2 + 0.4969)$
$\qquad\quad = 4.9938$
이므로 $A = 4.9938$
$\log B = -1.5031$
$\qquad = -2 + 0.4969$
$\qquad = \log 10^{-2} + \log 3.14$
$\qquad = \log(10^{-2} \times 3.14)$
$\qquad = \log 0.0314$
이므로 $B = 0.0314$
$\therefore A + 10B = 4.9938 + 10 \times 0.0314$
$\qquad\qquad = 4.9938 + 0.314$
$\qquad\qquad = 5.3078$

035 답 15

$10^{1.5575} = 36.1$에서
$\log 36.1 = 1.5575$이므로
$\log 361 = \log(10 \times 36.1) = 1 + \log 36.1$
$\qquad\quad = 1 + 1.5575 = 2.5575$
또한, $10^{-0.556} = 0.278$에서
$\log 0.278 = -0.556$이므로
$\log 0.00278 = \log(10^{-2} \times 0.278) = \log 10^{-2} + \log 0.278$
$\qquad\qquad\quad = -2 + (-0.556) = -2.556$

$\therefore \log(361 \times 0.00278)^{10000} = 10000(\log 361 + \log 0.00278)$
$\qquad\qquad\qquad\qquad\qquad = 10000\{2.5575 + (-2.556)\}$
$\qquad\qquad\qquad\qquad\qquad = 10000 \times 0.0015$
$\qquad\qquad\qquad\qquad\qquad = 15$

036 답 ④

$\log m - \log n = \log \dfrac{m}{n} = Z$ (Z는 정수)라 하면
$\dfrac{m}{n} = 10^Z$
이때 $1 < m < 100$, $1 < n < 100$이므로
$\dfrac{1}{100} < \dfrac{m}{n} < 100$, $10^{-2} < 10^Z < 10^2$
즉, $-2 < Z < 2$이므로
$Z = -1$ 또는 $Z = 0$ 또는 $Z = 1$
(ⅰ) $Z = -1$일 때
 $\dfrac{m}{n} = 10^{-1}$에서 $n = 10m$
 즉, 순서쌍 (m, n)의 개수는
 $(2, 20), (3, 30), \cdots, (9, 90)$의 8
(ⅱ) $Z = 0$일 때
 $\dfrac{m}{n} = 10^0 = 1$에서 $m = n$
 그런데 m, n은 서로 다른 자연수이므로 조건을 만족시키는 순
 서쌍 (m, n)은 없다.
(ⅲ) $Z = 1$일 때
 $\dfrac{m}{n} = 10$에서 $m = 10n$
 즉, 순서쌍 (m, n)의 개수는
 $(20, 2), (30, 3), \cdots, (90, 9)$의 8
(ⅰ), (ⅱ), (ⅲ)에서 구하는 순서쌍 (m, n)의 개수는
$8 + 0 + 8 = 16$

037 답 3

함수 $y = 4^x$의 그래프를 x축의 방향으로 1만큼, y축의 방향으로
a만큼 평행이동한 그래프의 식은
$y - a = 4^{x-1}$ $\therefore y = 4^{x-1} + a$
이때 점 $\left(\dfrac{3}{2}, 5\right)$가 함수 $y = 4^{x-1} + a$의 그래프 위에 있으므로
$5 = 4^{\frac{3}{2}-1} + a$, $5 = 2^{2 \times \frac{1}{2}} + a$
$5 = 2 + a$ $\therefore a = 3$

038 답 ③

$y = 2^{x+3}$에 $x = 0$을 대입하면
$y = 2^{0+3} = 8$ $\therefore$ A$(0, 8)$
또한, $y = \left(\dfrac{1}{2}\right)^{x+1}$에 $x = 0$을 대입하면
$y = \left(\dfrac{1}{2}\right)^{0+1} = \dfrac{1}{2}$ $\therefore$ B$\left(0, \dfrac{1}{2}\right)$
$\therefore \overline{\text{AB}} = \left|8 - \dfrac{1}{2}\right| = \dfrac{15}{2}$

039 답 ②

함수 $y=2^{x-3}+5$의 그래프의 점근선의 방정식은 $y=5$이므로 함수 $y=2^{x-3}+5$의 그래프를 직선 $y=x$에 대하여 대칭이동한 그래프의 점근선의 방정식은 $x=5$

따라서 직선 $x=5$가 함수 $y=2^{x-3}+5$와 만나는 점의 y좌표는

$y=2^{5-3}+5$

$\quad=4+5=9$

040 답 ②

함수 $y=3^x$의 그래프를 x축의 방향으로 -1만큼, y축의 방향으로 a만큼 평행이동한 그래프의 식은

$y=3^{x+1}+a$

이 함수의 그래프가 두 점 $(0, 6)$, $(b, 30)$을 지나므로

$6=3+a$에서 $a=3$

$30=3^{b+1}+a$에서

$3^{b+1}=30-3=27=3^3$

$b+1=3$ $\therefore b=2$

$\therefore a+b=5$

041 답 20

함수 $y=2^x$의 그래프를 x축에 대하여 대칭이동한 그래프의 식은

$y=-2^x$

이 함수의 그래프를 x축의 방향으로 a만큼, y축의 방향으로 b만큼 평행이동한 그래프의 식은

$y=-2^{x-a}+b$

이때 함수 $y=-2^{x-a}+b$의 그래프가 원점을 지나고 점근선의 방정식이 $y=4$이므로

$b=4$

$0=-2^{0-a}+4$에서

$2^{-a}=2^2$ $\therefore a=-2$

$\therefore a^2+b^2=(-2)^2+4^2=20$

042 답 ⑤

ㄱ. $a^x=a^{1-x}$에서 $x=1-x$, $2x=1$ $\therefore x=\dfrac{1}{2}$

즉, 두 함수 $y=f(x)$, $y=a^{1-x}$의 그래프의 교점의 좌표는

$\left(\dfrac{1}{2}, \sqrt{a}\right)$이므로 이 두 그래프는 제1사분면에서 만난다. (참)

ㄴ. $a^x=\left(\dfrac{1}{a}\right)^{x-a}$에서 $a^x=a^{a-x}$이므로

$x=a-x$, $2x=a$ $\therefore x=\dfrac{a}{2}$

즉, 두 함수 $y=f(x)$, $y=\left(\dfrac{1}{a}\right)^{x-a}$의 그래프의 교점의 좌표는

$\left(\dfrac{a}{2}, \sqrt{a^a}\right)$이므로 이 두 그래프는 제1사분면에서 만난다. (참)

ㄷ. $h(x)=f(x)+f(a-x)$라 하면

$h(a-x)=f(a-x)+f(x)$

즉, $h(x)=h(a-x)$가 성립하므로

함수 $y=f(x)+f(a-x)$의 그래프는 직선 $x=\dfrac{a}{2}$에 대하여 대칭이다. (참)

따라서 옳은 것은 ㄱ, ㄴ, ㄷ이다.

💡 **플러스 특강**

직선 $x=a$에 대하여 대칭인 함수 $y=f(x)$의 그래프의 성질

함수 $y=f(x)$의 그래프가 직선 $x=a$에 대하여 대칭

$\Longleftrightarrow$ 모든 실수 x에 대하여 $f(a-x)=f(a+x)$이다.

$\Longleftrightarrow$ 모든 실수 x에 대하여 $f(2a-x)=f(x)$이다.

043 답 ⑤

$y=a^{2x+m}+3$에서 $y-3=a^{2\left(x+\frac{m}{2}\right)}$

이므로 함수 $y=a^{2x+m}+3$의 그래프는 함수 $y=a^{2x}$의 그래프를 x축의 방향으로 $-\dfrac{m}{2}$만큼, y축의 방향으로 3만큼 평행이동한 것이다.

한편, 함수 $y=a^{2x}$의 그래프는 a의 값에 관계없이 항상 점 $(0, 1)$을 지나므로 x축의 방향으로 $-\dfrac{m}{2}$만큼, y축의 방향으로 3만큼 평행이동한 함수 $y=a^{2x+m}+3$의 그래프는 a의 값에 관계없이 항상 점 $\left(-\dfrac{m}{2}, 4\right)$를 지난다.

즉, $-2=-\dfrac{m}{2}$에서 $m=4$이고 $n=4$

$\therefore m+n=8$

044 답 ④

두 점 A, B가 직선 $y=x$ 위에 있으므로

$A(p, p)$, $B(q, q)$ $(p<q)$라 하면

$\overline{AB}=6\sqrt{2}$에서 $\sqrt{(q-p)^2+(q-p)^2}=6\sqrt{2}$

$\sqrt{2(q-p)^2}=6\sqrt{2}$ $\therefore q-p=6$ $(\because p<q)$ ······ ㉠

또한, 사각형 ACDB는 사다리꼴이고, 그 넓이가 30이므로

$\dfrac{1}{2}\times\overline{CD}\times(\overline{AC}+\overline{BD})=30$에서

$\dfrac{1}{2}\times(q-p)\times(p+q)=30$

$\dfrac{1}{2}\times6\times(p+q)=30$ $(\because$ ㉠ $)$ $\therefore p+q=10$ ······ ㉡

㉠, ㉡을 연립하여 풀면 $p=2$, $q=8$

$\therefore A(2, 2)$, $B(8, 8)$

이때 두 점 A, B가 곡선 $y=2^{ax+b}$ 위에 있으므로

$2=2^{2a+b}$, $8=2^{8a+b}$에서

$2a+b=1$, $8a+b=3$

위의 두 식을 연립하여 풀면

$a=\dfrac{1}{3}$, $b=\dfrac{1}{3}$

$\therefore a+b=\dfrac{2}{3}$

045 답 ④

함수 $y=3^x+3$의 그래프는 함수 $y=3^x$의 그래프를 y축의 방향으로 3만큼 평행이동한 것이다.

즉, 오른쪽 그림에서 빗금 친 두 부분의 넓이가 서로 같으므로
두 함수 $y=3^x$, $y=3^x+3$의 그래프와 두 직선 $x=-1$, $x=1$로 둘러싸인 부분의 넓이는 평행사변형 ABCD의 넓이와 같다.

따라서 구하는 넓이는
$3\times2=6$

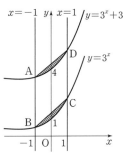

046 답 ③

$\overline{AC}:\overline{AB}=1:3$이므로
$\overline{AB}=3\overline{AC}$
$\therefore \overline{BC}=\overline{AC}+\overline{AB}$
$\qquad=\overline{AC}+3\overline{AC}=4\overline{AC}$
즉, 점 A의 x좌표를 $m\,(m>0)$이라 하면 점 B의 x좌표는 $4m$이므로
$a^m=b^{4m}$, $a=b^4$
$\therefore b=\sqrt[4]{a}$

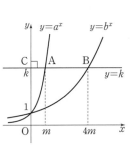

047 답 ②

함수 $y=2^{x-3}$의 그래프는 함수 $y=2^{x+1}$의 그래프를 x축의 방향으로 4만큼 평행이동한 것이고, 선분 AD는 x축에 평행하므로
$\overline{AD}=4$, $\overline{AC}=2\overline{AD}=2\times4=8$
점 A의 좌표를 $(a, 2^{a+1})$이라 하면
$2^{a+1}=8$에서 $2^{a+1}=2^3$이므로
$a+1=3$ $\therefore a=2$
또한, 점 B의 좌표는 $(a, 2^{a-3})$, 즉 $(2, 2^{-1})$이므로
$\overline{BC}=2^{-1}=\dfrac{1}{2}$
$\therefore \overline{AB}=\overline{AC}-\overline{BC}$
$\qquad=8-\dfrac{1}{2}=\dfrac{15}{2}$
따라서 직각삼각형 ABD의 넓이는
$\dfrac{1}{2}\times\overline{AB}\times\overline{AD}=\dfrac{1}{2}\times\dfrac{15}{2}\times4$
$\qquad\qquad=15$

048 답 ①

두 곡선 $y=4^x+k$, $y=-\left(\dfrac{1}{4}\right)^x+1$이 만나는 두 점 A, B의 좌표를 각각 $(a, 4^a+k)$, $\left(b, -\left(\dfrac{1}{4}\right)^b+1\right)$이라 하자.

선분 AB의 중점의 x좌표가 0이므로
$\dfrac{a+b}{2}=0$ $\therefore b=-a$

선분 AB의 중점의 y좌표가 $-\dfrac{5}{4}$이므로

$\dfrac{4^a+k-\left(\dfrac{1}{4}\right)^b+1}{2}=-\dfrac{5}{4}$

$4^a+k-\left(\dfrac{1}{4}\right)^{-a}+1=-\dfrac{5}{2}$

$4^a+k-4^a+1=-\dfrac{5}{2}$

$\therefore k=-\dfrac{7}{2}$

049 답 ③

$y=\dfrac{2^x}{8}=2^{x-3}$에서 함수 $y=\dfrac{2^x}{8}$의 그래프는 함수 $y=2^x$의 그래프를 x축의 방향으로 3만큼 평행이동한 그래프이므로
$\overline{QR}=3$
즉, $\overline{PQ}=\overline{QR}=3$
이때 점 Q의 좌표가 $(3, 8)$이므로 $k=8$이고, $\overline{OP}=8$
또한, $S(0, 1)$, $T\left(0, \dfrac{1}{8}\right)$이므로 $\overline{OS}=1$, $\overline{OT}=\dfrac{1}{8}$
즉, 삼각형 PTR의 넓이는
$\dfrac{1}{2}\times\overline{PR}\times\overline{PT}=\dfrac{1}{2}\times(\overline{PQ}+\overline{QR})\times(\overline{OP}-\overline{OT})$
$\qquad=\dfrac{1}{2}\times6\times\dfrac{63}{8}=\dfrac{189}{8}$
삼각형 PSQ의 넓이는
$\dfrac{1}{2}\times\overline{PQ}\times\overline{PS}=\dfrac{1}{2}\times\overline{PQ}\times(\overline{OP}-\overline{OS})$
$\qquad=\dfrac{1}{2}\times3\times7=\dfrac{21}{2}$
$\therefore$ (사각형 QSTR의 넓이)
$\quad=$ (삼각형 PTR의 넓이)$-$(삼각형 PSQ의 넓이)
$\quad=\dfrac{189}{8}-\dfrac{21}{2}=\dfrac{105}{8}$

050 답 ③

$-1\le x\le3$에서 함수 $y=f(x)$의 그래프는 오른쪽 그림과 같으므로 함수 $f(x)$는 $x=3$일 때 최댓값 $f(3)=2^{|3|}=2^3=8$을 갖고, $x=0$일 때 최솟값 $f(0)=2^{|0|}=2^0=1$을 갖는다.

따라서 최댓값과 최솟값의 합은
$8+1=9$

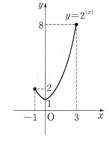

051 답 ③

함수 $f(x)=2\times\left(\dfrac{2}{3}\right)^x$에서 밑 $\dfrac{2}{3}$가 $0<\dfrac{2}{3}<1$이므로 함수 $f(x)$는 x의 값이 증가하면 $f(x)$의 값은 감소한다.

즉, 함수 $f(x)$는 $x=-3$일 때 최댓값 $f(-3)=2\times\left(\dfrac{2}{3}\right)^{-3}=\dfrac{27}{4}$을

갖고, $x=2$일 때 최솟값 $f(2)=2\times\left(\dfrac{2}{3}\right)^{2}=\dfrac{8}{9}$을 갖는다.

따라서 $M=\dfrac{27}{4}$, $m=\dfrac{8}{9}$이므로

$M\times m=\dfrac{27}{4}\times\dfrac{8}{9}=6$

052 답 ⑤

$\log_3 8=2\log_{3^2}8=\log_9 8^2=\log_9 64$이므로

$\log_9 4\le x\le\log_9 64$

이때 함수 $f(x)=9^x$에서 밑 9가 $9>1$이므로 함수 $f(x)$는 x의 값이 증가하면 $f(x)$의 값도 증가한다.

즉, 함수 $f(x)$는 $x=\log_9 4$일 때 최솟값 $f(\log_9 4)=9^{\log_9 4}=4$를

갖고, $x=\log_9 64$일 때 최댓값 $f(\log_9 64)=9^{\log_9 64}=64$를 갖는다.

따라서 $M=64$, $m=4$이므로

$\dfrac{M}{m}=\dfrac{64}{4}=16$

053 답 ②

$f(x)=3^{x^2+1}\times4^{1-x^2}=(3\times3^{x^2})\times(4\times4^{-x^2})=12\times\left(\dfrac{3}{4}\right)^{x^2}$

이때 밑 $\dfrac{3}{4}$이 $0<\dfrac{3}{4}<1$이므로 함수 $f(x)$는 x의 값이 증가하면

$f(x)$의 값은 감소한다.

즉, 함수 $f(x)$는 x^2의 값이 최소일 때 최대이고, x^2의 값은 $x=0$일 때 최소이므로

$x=0$일 때 최댓값 $f(0)=12\times\left(\dfrac{3}{4}\right)^{0}=12$를 갖는다.

따라서 $a=0$, $M=12$이므로

$a+M=12$

054 답 5

$y=\left(\dfrac{1}{4}\right)^x-\left(\dfrac{1}{2}\right)^{x-1}+2=\left(\dfrac{1}{2}\right)^{2x}-2\times\left(\dfrac{1}{2}\right)^x+2$

$\left(\dfrac{1}{2}\right)^x=t\ (t>0)$이라 하면

$-1\le x\le2$이고, 밑 $\dfrac{1}{2}$이 $0<\dfrac{1}{2}<1$이므로 $\dfrac{1}{4}\le t\le2$

이때 주어진 함수는

$y=t^2-2t+2=(t-1)^2+1\ \left(\dfrac{1}{4}\le t\le2\right)$

이므로 $t=2$일 때 최댓값 $1^2+1=2$를 갖고, $t=1$일 때 최솟값 1을 갖는다.

따라서 $M=2$, $m=1$이므로

$M^2+m^2=2^2+1^2=5$

055 답 3

$2^{x-6}\le\left(\dfrac{1}{4}\right)^x$에서

$2^{x-6}\le2^{-2x}$

이때 밑 2가 $2>1$이므로

$x-6\le-2x$ $\therefore x\le2$ ······ ㉠

따라서 ㉠을 만족시키는 자연수 x의 값은 1, 2이므로 그 합은

$1+2=3$

056 답 8

$\left(\dfrac{1}{5}\right)^{x^2+1}\ge\left(\dfrac{1}{25}\right)^{-x+8}$에서

$\left(\dfrac{1}{5}\right)^{x^2+1}\ge\left(\dfrac{1}{5}\right)^{-2x+16}$

이때 밑 $\dfrac{1}{5}$이 $0<\dfrac{1}{5}<1$이므로

$x^2+1\le-2x+16$, $x^2+2x-15\le0$

$(x+5)(x-3)\le0$

$\therefore -5\le x\le3$

따라서 $\alpha=-5$, $\beta=3$이므로

$\beta-\alpha=3-(-5)=8$

057 답 5

$\left(\dfrac{1}{4}\right)^x-3\times\left(\dfrac{1}{2}\right)^{x-1}+8=0$에서

$\left(\dfrac{1}{2}\right)^{2x}-6\times\left(\dfrac{1}{2}\right)^x+8=0$

이때 $\left(\dfrac{1}{2}\right)^x=t\ (t>0)$이라 하면

$t^2-6t+8=0$, $(t-2)(t-4)=0$

$\therefore t=2$ 또는 $t=4$

즉, $\left(\dfrac{1}{2}\right)^x=2$ 또는 $\left(\dfrac{1}{2}\right)^x=4$이므로

$x=-1$ 또는 $x=-2$

$\therefore \alpha^2+\beta^2=(-1)^2+(-2)^2=5$

058 답 80

$4^x-3\times2^{x+2}+32<0$에서

$(2^x)^2-12\times2^x+32<0$

이때 $2^x=t\ (t>0)$이라 하면

$t^2-12t+32<0$, $(t-4)(t-8)<0$

$\therefore 4<t<8$

즉, $4<2^x<8$에서 $2^2<2^x<2^3$이고, 밑 2가 $2>1$이므로

$2<x<3$

따라서 $\alpha=2$, $\beta=3$이므로

$4^{\alpha}+4^{\beta}=4^2+4^3=16+64=80$

059 답 2

$18\times\left(\dfrac{3}{2}\right)^{2x-1}-10\times\left(\dfrac{3}{2}\right)^{x+1}-27\le0$에서

$12\times\left(\dfrac{3}{2}\right)^{2x}-15\times\left(\dfrac{3}{2}\right)^{x}-27\le0$

$$4 \times \left(\frac{3}{2}\right)^{2x} - 5 \times \left(\frac{3}{2}\right)^{x} - 9 \leq 0$$

이때 $\left(\frac{3}{2}\right)^{x} = t \ (t > 0)$이라 하면

$$4t^2 - 5t - 9 \leq 0, \ (t+1)(4t-9) \leq 0$$

$$\therefore \ 0 < t \leq \frac{9}{4} \ (\because \ t > 0)$$

즉, $\left(\frac{3}{2}\right)^{x} \leq \frac{9}{4}$에서 $\left(\frac{3}{2}\right)^{x} \leq \left(\frac{3}{2}\right)^{2}$이고, 밑 $\frac{3}{2}$이 $\frac{3}{2} > 1$이므로

$x \leq 2$

따라서 구하는 자연수 x의 개수는 1, 2의 2이다.

---

060 답 ②

$3^x = 3^k + 4$에서 $3^x - 4 = 3^k$

$3^y = 3^{-k} + 4$에서 $3^y - 4 = 3^{-k}$

이므로

$(3^x - 4)(3^y - 4) = 3^k \times 3^{-k} = 1$에서

$3^{x+y} - 4(3^x + 3^y) + 16 = 1$

$4(3^x + 3^y) = 3^{x+y} + 15 = 3^4 + 15 = 96$

$\therefore \ 3^x + 3^y = 24$

---

061 답 ③

$4^x - a \times 2^{x+1} + a^2 + a - 12 = 0$에서

$(2^x)^2 - 2a \times 2^x + a^2 + a - 12 = 0$

$2^x = t \ (t > 0)$이라 하면

$t^2 - 2at + a^2 + a - 12 = 0$ ······ ㉠

이고, 주어진 방정식이 서로 다른 두 실근을 가지려면 t에 대한 방정식 ㉠이 서로 다른 두 양의 실근을 가져야 한다.

(ⅰ) t에 대한 방정식 ㉠의 판별식을 D라 할 때

$$\frac{D}{4} = a^2 - (a^2 + a - 12) > 0, \ -a + 12 > 0$$

$$\therefore \ a < 12$$

(ⅱ) (두 근의 합) $= 2a > 0$에서

$a > 0$

(ⅲ) (두 근의 곱) $= a^2 + a - 12 > 0$에서 $(a+4)(a-3) > 0$

$\therefore \ a < -4$ 또는 $a > 3$

(ⅰ), (ⅱ), (ⅲ)에서 $3 < a < 12$

따라서 구하는 정수 a의 개수는 4, 5, 6, $\cdots$, 11의 8이다.

---

062 답 ③

함수 $y = \log_2 (x - a)$의 그래프의 점근선의 방정식은 $x = a$이므로 두 점 A, B는 각각

$A\left(a, \log_2 \frac{a}{4}\right)$, $B\left(a, \log_{\frac{1}{2}} a\right)$

$\log_{\frac{1}{2}} a = -\log_2 a$이고

$\log_2 \frac{a}{4} = \log_2 a - \log_2 4 = \log_2 a - 2$

이때 $a > 2$이므로

$-\log_2 a < \log_2 a - 2$

즉, $\overline{AB} = 4$에서

$\log_2 \frac{a}{4} - \log_{\frac{1}{2}} a = 4$

$(\log_2 a - 2) + \log_2 a = 4$

$2 \log_2 a = 6, \ \log_2 a = 3$

$\therefore \ a = 2^3 = 8$

참고

$a > 2$이면 $-\log_2 a < -1, \ \log_2 a - 2 > -1$이므로

$-\log_2 a < \log_2 a - 2$임을 알 수 있다.

---

063 답 ⑤

함수 $y = \log_2 (x + a)$의 그래프는 함수 $y = \log_2 x$의 그래프를 x축의 방향으로 $-a$만큼 평행이동한 것이다.

즉, 함수 $y = \log_2 (x + a)$의 그래프의 점근선은 직선 $x = -a$이므로

$-a = 2$에서 $a = -2$

또한, 함수 $y = \log_2 (x - 2)$의 그래프가 점 $(b, 4)$를 지나므로

$4 = \log_2 (b - 2)$

$b - 2 = 2^4 = 16$ $\therefore \ b = 18$

$\therefore \ b - a = 18 - (-2) = 20$

---

064 답 ⑤

$3 \log_3 |x - 27| = 9, \ \log_3 |x - 27| = 3$

즉, $\log_3 |x - 27| = \log_3 27$이므로

$|x - 27| = 27$에서

$x - 27 = -27$ 또는 $x - 27 = 27$

$\therefore \ x = 0$ 또는 $x = 54$

따라서 두 점 P, Q의 좌표는 각각 $(0, 9)$, $(54, 9)$이므로 선분 PQ의 길이는 54이다.

다른 풀이

함수 $y = 3 \log_3 |x - 27|$의 그래프의 점근선의 방정식은

$x = 27$

이때 함수 $y = 3 \log_3 |x - 27|$의 그래프가 직선 $x = 27$에 대하여 대칭이므로 그 그래프는 다음 그림과 같다.

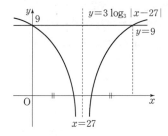

그런데 함수 $y = 3 \log_3 |x - 27|$의 그래프가 y축과 만나는 점의 좌표는 $(0, 9)$이므로 함수 $y = 3 \log_3 |x - 27|$의 그래프와 직선 $y = 9$가 만나는 두 점 P, Q의 좌표는 각각 $(0, 9)$, $(54, 9)$이다.

따라서 선분 PQ의 길이는 54이다.

065 답 ②

(i) $y=\log(9-x^2)$에서 진수의 조건에 의하여

$9-x^2>0$, $x^2<9$

즉, $-3<x<3$이므로

$A=\{x|-3<x<3\}$

(ii) $y=\log(2-\log_2 x)$에서 진수의 조건에 의하여

$x>0$이고 $2-\log_2 x>0$

$2-\log_2 x>0$에서 $\log_2 x<\log_2 4$이므로 $x<4$

즉, $0<x<4$이므로

$B=\{x|0<x<4\}$

(i), (ii)에서 $A\cap B=\{x|0<x<3\}$

따라서 집합 $A\cap B$의 원소 중 정수의 개수는 1, 2의 2이다.

066 답 12

함수 $y=7^x$의 그래프를 x축의 방향으로 a만큼, y축의 방향으로 b만큼 평행이동한 그래프의 식은

$y=7^{x-a}+b$

이 함수의 그래프를 직선 $y=x$에 대하여 대칭이동한 그래프의 식은

$x=7^{y-a}+b$, 즉 $7^{y-a}=x-b$에서

$y-a=\log_7(x-b)$

$\therefore y=\log_7(x-b)+a$ ...... ㉠

따라서 함수 ㉠의 그래프는 함수 $y=\log_7 7(x-2)$, 즉

$y=\log_7(x-2)+1$의 그래프와 일치하므로

$a=1$, $b=2$

$\therefore 10a+b=10\times 1+2=12$

067 답 ④

함수 $y=2^{1-x}+2$의 그래프를 y축에 대하여 대칭이동한 후 x축의 방향으로 m만큼 평행이동한 그래프의 식은

$y=2^{1+(x-m)}+2=2^{x-(m-1)}+2$ ...... ㉠

함수 $y=\log_2 4x$의 그래프를 x축의 방향으로 2만큼, y축의 방향으로 1만큼 평행이동한 그래프의 식은

$y-1=\log_2 4(x-2)$ ...... ㉡

함수 ㉡의 그래프를 직선 $y=x$에 대하여 대칭이동한 그래프의 식은

$x-1=\log_2 4(y-2)$

$4(y-2)=2^{x-1}$에서 $y=2^{x-3}+2$ ...... ㉢

이때 두 함수 ㉠, ㉢의 그래프가 일치하므로

$m-1=3$ $\therefore m=4$

068 답 ③

점 Q는 점 $P(45, 2)$를 지나고 x축과 평행한 직선, 즉 직선 $y=2$가 곡선 $y=\log_a x$와 만나는 점이므로 점 Q의 좌표는 $(a^2, 2)$이다.

또한, 점 R는 점 $P(45, 2)$를 지나고 y축에 평행한 직선, 즉 직선 $x=45$가 곡선 $y=\log_a x$와 만나는 점이므로 점 R의 좌표는

$(45, \log_a 45)$이다.

그런데 선분 PQ의 길이가 36이므로

$|45-a^2|=36$에서 $45-a^2=\pm 36$

$a^2=9$ 또는 $a^2=81$

$\therefore a=3$ 또는 $a=9$ ($\because a>1$)

이때 선분 PR의 길이는 $|2-\log_a 45|$이므로

$b=\log_3 45-2=\log_3(3^2\times 5)-2=\log_3 5$

또는 $b=2-\log_9 45=2-\log_9(9\times 5)=1-\log_9 5$

따라서 모든 b의 값의 합은

$\log_3 5+(1-\log_9 5)$

$=\log_3 5+\left(1-\dfrac{1}{2}\log_3 5\right)$

$=\dfrac{1}{2}\log_3 5+1$

069 답 ③

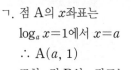

$\dfrac{1}{4}<a<1$에서 $1<4a<4$이므로

두 곡선 $y=\log_a x$, $y=\log_{4a} x$는 오른쪽 그림과 같다.

ㄱ. 점 A의 x좌표는

$\log_a x=1$에서 $x=a$

$\therefore A(a, 1)$

또한, 점 B의 x좌표는

$\log_{4a} x=1$에서 $x=4a$

$\therefore B(4a, 1)$

즉, 선분 AB를 $1:4$로 외분하는 점의 좌표는

$\left(\dfrac{1\times 4a-4\times a}{1-4}, \dfrac{1\times 1-4\times 1}{1-4}\right)$

$\therefore (0, 1)$ (참)

ㄴ. 선분 AB가 x축과 평행하므로 사각형 ABCD가 직사각형이면 두 점 A, D의 x좌표는 같아야 한다.

점 D의 x좌표는

$\log_{4a} x=-1$에서 $x=\dfrac{1}{4a}$

$\therefore D\left(\dfrac{1}{4a}, -1\right)$

$A(a, 1)$이므로 $a=\dfrac{1}{4a}$ $\therefore a^2=\dfrac{1}{4}$

이때 $\dfrac{1}{4}<a<1$이므로

$a=\dfrac{1}{2}$ (참)

ㄷ. $\overline{AB}=4a-a=3a$이고, 점 C의 x좌표는

$\log_a x=-1$에서 $x=\dfrac{1}{a}$ $\therefore C\left(\dfrac{1}{a}, -1\right)$

$\therefore \overline{CD}=\dfrac{1}{a}-\dfrac{1}{4a}=\dfrac{3}{4a}$

$\overline{AB}<\overline{CD}$이면 $3a<\dfrac{3}{4a}$, $a^2<\dfrac{1}{4}$ $\therefore -\dfrac{1}{2}<a<\dfrac{1}{2}$

이때 $\dfrac{1}{4}<a<1$이므로 $\dfrac{1}{4}<a<\dfrac{1}{2}$ (거짓)

따라서 옳은 것은 ㄱ, ㄴ이다.

070 답 ⑤

곡선 $y=2^x$과 직선 $y=4$가 만나는 점 P의 x좌표는
$2^x=4=2^2$에서 $x=2$
$\therefore$ P$(2, 4)$
곡선 $y=\log_2 x$와 직선 $y=4$가 만나는 점 Q의 x좌표는
$\log_2 x=4$에서 $x=2^4=16$
$\therefore$ Q$(16, 4)$
따라서 선분 PQ의 중점 M의 좌표는 $\left(\dfrac{2+16}{2}, \dfrac{4+4}{2}\right)$, 즉 $(9, 4)$
이므로 $a=9$, $b=4$
$\therefore a+b=13$

071 답 ③

곡선 $y=3^x$이 y축과 만나는 점의 좌표가 $(0, 1)$이므로
A$(0, 1)$
즉, 점 A를 지나고 x축에 평행한 직선, 즉 직선 $y=1$이 곡선
$y=\log_3(x-1)$과 만나는 점 C의 x좌표는
$\log_3(x-1)=1$에서 $x=4$
$\therefore$ C$(4, 1)$
또한, 곡선 $y=\log_3(x-1)$이 x축과 만나는 점의 좌표가 $(2, 0)$
이므로
B$(2, 0)$
즉, 점 B를 지나고 y축에 평행한 직선, 즉 직선 $x=2$가 곡선
$y=3^x$과 만나는 점 D의 y좌표는
$y=3^2=9$
$\therefore$ D$(2, 9)$
$\therefore \overline{AC}=|4-0|=4$, $\overline{BD}=|9-0|=9$
이때 두 선분 AC, BD는 각각 x축과 y축에 평행하므로
$\overline{AC}\perp\overline{BD}$
따라서 구하는 사각형 ABCD의 넓이는
$\dfrac{1}{2}\times\overline{AC}\times\overline{BD}=\dfrac{1}{2}\times4\times9=18$

072 답 16

직선 $x=a$ $(a>1)$이 두 곡선 $y=\log_2 x$, $y=\log_{\frac{1}{4}} x$와 만나는 두
점 P, Q의 좌표가 각각 $(a, \log_2 a)$, $(a, \log_{\frac{1}{4}} a)$이므로
$\overline{PR}=\log_2 a$, $\overline{QR}=-\log_{\frac{1}{4}} a=\dfrac{1}{2}\log_2 a$
즉, 선분 PR와 선분 QR를 각각 한 변으로 하는 정사각형의 넓이
S, T는
$S=(\log_2 a)^2$, $T=\left(\dfrac{1}{2}\log_2 a\right)^2$
이때 $S-T=12$이므로
$(\log_2 a)^2-\left(\dfrac{1}{2}\log_2 a\right)^2=12$
$\dfrac{3}{4}(\log_2 a)^2=12$, $(\log_2 a)^2=16$

이때 $a>1$이므로 $\log_2 a=4$
$\therefore a=2^4=16$

073 답 ③

점 A$(n, 2\log_3 n)$의 x좌표와 점 B의 x좌표가 같으므로 점 B의
y좌표는
$y=\log_{\frac{1}{3}} n=-\log_3 n$
$\therefore$ B$(n, -\log_3 n)$
이때 $\overline{AB}=2\log_3 n-(-\log_3 n)=3\log_3 n$이므로
$3<\overline{AB}<12$에서 $3<3\log_3 n<12$
$1<\log_3 n<4$, $\log_3 3<\log_3 n<\log_3 3^4$
$\therefore 3<n<3^4$
따라서 구하는 자연수 n의 개수는 $4, 5, 6, \cdots, 80$의 77이다.

074 답 20

두 함수 $y=a\log_2 x$, $y=5^x-5$의 그래프의 개형은 다음 그림과 같다.

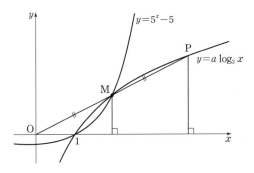

이때 점 P의 좌표를 $(x_1, a\log_2 x_1)$이라 하면
선분 OP의 중점 M의 좌표는 $\left(\dfrac{x_1}{2}, \dfrac{a\log_2 x_1}{2}\right)$
점 M은 곡선 $y=a\log_2 x$ 위의 점이므로
$a\log_2\dfrac{x_1}{2}=\dfrac{a\log_2 x_1}{2}$
$2(\log_2 x_1-1)=\log_2 x_1$
$\log_2 x_1=2$ $\therefore x_1=4$
따라서 점 M의 좌표는 $(2, a)$이고 곡선 $y=5^x-5$가 점 M을 지
나므로
$a=5^2-5=20$

075 답 8

$f(x)=a^x$에서 $y=a^x$이라 하면 $x=\log_a y$
x와 y를 서로 바꾸면
$y=\log_a x$
즉, 두 함수 $f(x)=a^x$, $g(x)=\log_a x$는 서로 역함수 관계이므로 두
함수 $y=f(x)$, $y=g(x)$의 그래프가 만나는 두 점 P, Q는 직선
$y=x$와 함수 $y=f(x)$의 그래프가 만나는 두 점과 같다.

또한, 점 P를 중심으로 하는 원이 원점 O와 점 Q를 지나므로
$\overline{OP}=\overline{PQ}$
즉, 점 P의 좌표를 (k, k) $(k>0)$이라 하면
점 Q의 좌표는 $(2k, 2k)$라 할 수 있다.
이때 두 점 P(k, k), Q$(2k, 2k)$가 함수 $f(x)=a^x$의 그래프 위의
점이므로
$f(k)=a^k=k$ ……… ㉠
$f(2k)=a^{2k}=2k$ ……… ㉡
㉠을 ㉡에 대입하면 $k^2=2k$, $k(k-2)=0$
그런데 $a^k=k>0$이므로 $k=2$
따라서 ㉠에서 $a^2=2$이므로
$a^6=(a^2)^3=2^3=8$

076 답 8

점 A$(a, \log_2 a)$ $(a>1)$을 지나고 y축에 평행한 직선, 즉 직선
$x=a$가 곡선 $y=\log_2 px$와 만나는 점 B의 좌표는
$(a, \log_2 pa)$
또한, 점 A를 지나고 x축에 평행한 직선, 즉 직선 $y=\log_2 a$가 곡
선 $y=\log_2 px$와 만나는 점 C의 좌표는
$\left(\dfrac{a}{p}, \log_2 a\right)$
즉, $\overline{AB}=\log_2 pa-\log_2 a=\log_2 p=2$이므로
$p=2^2=4$
$\therefore \overline{AC}=a-\dfrac{a}{p}=a-\dfrac{a}{4}=\dfrac{3}{4}a$
이때 삼각형 ABC의 넓이가 6이고 $\overline{AB}\perp\overline{AC}$이므로
$\dfrac{1}{2}\times\overline{AB}\times\overline{AC}=\dfrac{1}{2}\times2\times\dfrac{3}{4}a=6$
$\dfrac{3}{4}a=6$ $\therefore a=8$

077 답 7

오른쪽 그림과 같이 곡선
$y=\log_a(x-1)+1$은 항상 점 $(2, 1)$
을 지나고 이 점을 지나면서 삼각형
ABC와 만나려면 $a>1$이어야 한다.
즉, a의 값은 곡선 $y=\log_a(x-1)+1$
이 점 A$(4, 3)$을 지날 때 최대이고, 점
B$(3, 6)$을 지날 때 최소이다.
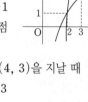
(i) 곡선 $y=\log_a(x-1)+1$이 점 A$(4, 3)$을 지날 때
 $\log_a(4-1)+1=3$, $\log_a 3+1=3$
 $\log_a 3=2$, $a^2=3$
 즉, a의 최댓값 $M=\sqrt{3}$ $(\because a>1)$
(ii) 곡선 $y=\log_a(x-1)+1$이 점 B$(3, 6)$을 지날 때
 $\log_a(3-1)+1=6$, $\log_a 2+1=6$
 $\log_a 2=5$, $a^5=2$
 즉, a의 최솟값 $m=\sqrt[5]{2}$ $(\because a>1)$
(i), (ii)에서 $M^2+m^{10}=(\sqrt{3})^2+(\sqrt[5]{2})^{10}=3+4=7$

078 답 ④

함수 $f(x)=2\log_{\frac{1}{2}}(x+k)$에서 밑 $\dfrac{1}{2}$이 $0<\dfrac{1}{2}<1$이므로 함수
$f(x)$는 $x=0$일 때 최댓값 -4, $x=12$일 때 최솟값 m을 갖는다.
$f(0)=-4$에서 $2\log_{\frac{1}{2}} k=-2\log_2 k=-4$
$\log_2 k=2$ $\therefore k=2^2=4$
따라서
$m=f(12)=2\log_{\frac{1}{2}}(12+4)$
$=2\log_{\frac{1}{2}} 16=-2\log_2 2^4$
$=-2\times4=-8$
이므로
$k+m=4+(-8)=-4$

079 답 ③

$y=(\log_2 x)^2+6\log_{\frac{1}{2}} x+15$
$=(\log_2 x)^2-6\log_2 x+15$
$\log_2 x=t$라 하면
$2\le x\le16$이고, 밑 2가 $2>1$이므로
$1\le t\le4$
이때 주어진 함수는
$y=t^2-6t+15=(t-3)^2+6$
이므로 $t=3$일 때, 즉 $x=8$일 때 최솟값 6을 갖는다.
따라서 $a=8$, $b=6$이므로
$a+b=14$

080 답 81

$y=\log_5(1+x)+\log_5(9-x)$
$=\log_5(1+x)(9-x)$
$=\log_5(-x^2+8x+9)$
이때 $f(x)=-x^2+8x+9$라 하면 $f(x)=-(x-4)^2+25$이므로
$0\le x\le5$에서 $9\le f(x)\le25$
주어진 함수 $y=\log_5 f(x)$는 밑 5가 $5>1$이므로 $f(x)$의 값이 증
가하면 y의 값도 증가한다.
즉, 주어진 함수는 $f(x)=25$일 때 최댓값 $\log_5 25=2$를 갖고,
$f(x)=9$일 때 최솟값 $\log_5 9=2\log_5 3$을 갖는다.
따라서 $M=2$, $m=2\log_5 3$이므로
$5^{Mm}=5^{4\log_5 3}=5^{\log_5 81}=81^{\log_5 5}=81$

081 답 ④

$(g\circ f)(x)=g(f(x))$
$=(\log_{\frac{1}{3}} x)^2-2\log_{\frac{1}{3}} x+3$
에서 $\log_{\frac{1}{3}} x=t$라 하면
$\dfrac{1}{27}\le x\le1$이고, 밑 $\dfrac{1}{3}$이 $0<\dfrac{1}{3}<1$이므로
$0\le t\le3$

이때 함수 $y=(g \circ f)(x)$는
$y=t^2-2t+3=(t-1)^2+2 \ (0 \le t \le 3)$
이므로 $t=1$일 때 최솟값 2를 갖고, $t=3$일 때 최댓값 6을 갖는다.
따라서 $M=6$, $m=2$이므로
$Mm=6 \times 2=12$

082 답 ③

$y=(\log_2 x)\left(\log_{\frac{1}{2}} \dfrac{x}{32}\right)-\log_2 x+6$
$\quad =(\log_2 x)(\log_2 32-\log_2 x)-\log_2 x+6$
$\quad =(\log_2 x)(5-\log_2 x)-\log_2 x+6$
$\quad =-(\log_2 x)^2+4\log_2 x+6$
$\log_2 x=t$라 하면
$1 \le x \le 8$이고, 밑 2가 $2>1$이므로
$0 \le t \le 3$
이때 주어진 함수는
$y=-t^2+4t+6=-(t-2)^2+10$
이므로 $t=2$일 때 최댓값 10을 갖고,
$t=0$일 때 최솟값 6을 갖는다.
따라서 $M=10$, $m=6$이므로
$M+m=16$

083 답 15

진수의 조건에 의하여
$f(x)>0$에서 $0<x<7$
$x-1>0$에서 $x>1$
$\therefore 1<x<7$ $\qquad$ ······ ㉠
$\log_3 f(x)+\log_{\frac{1}{3}}(x-1) \le 0$에서
$\log_3 f(x)-\log_3(x-1) \le 0$
$\log_3 f(x) \le \log_3(x-1)$
이때 밑 3이 $3>1$이므로
$f(x) \le x-1$
곡선 $y=f(x)$와 직선 $y=x-1$의 두 교점 중 x좌표가 4가 아닌 점의 x좌표를 $\alpha \ (\alpha<0)$이라 하면 이 부등식의 해는
$x \le \alpha$ 또는 $x \ge 4$ $\qquad$ ······ ㉡
㉠, ㉡에서 $4 \le x<7$
따라서 주어진 부등식을 만족시키는 자연수 x는 4, 5, 6이므로 그 합은
$4+5+6=15$

084 답 ③

최고차항의 계수가 1인 이차함수 $y=f(x)$의 그래프와 x축이 두 점 $(0, 0)$, $(4, 0)$에서 만나므로
$f(x)=x(x-4)$

즉, $\log_2 f(x) \le \log_2(x+14)$에서
$\log_2 x(x-4) \le \log_2(x+14)$
진수의 조건에 의하여
$x(x-4)>0$, $x+14>0$
$\therefore -14<x<0$ 또는 $x>4$ $\qquad$ ······ ㉠
또한, $\log_2 x(x-4) \le \log_2(x+14)$에서 밑 2가 $2>1$이므로
$x(x-4) \le x+14$
$x^2-5x-14 \le 0$, $(x+2)(x-7) \le 0$
$\therefore -2 \le x \le 7$ $\qquad$ ······ ㉡
㉠, ㉡에서
$-2 \le x<0$ 또는 $4<x \le 7$
따라서 구하는 정수 x의 개수는 -2, -1, 5, 6, 7의 5이다.

085 답 ②

진수의 조건에 의하여
$x>0$, $6x+16>0$ $\quad \therefore x>0$ $\qquad$ ······ ㉠
$\log_{\frac{1}{2}} x>\log_{\frac{1}{4}}(6x+16)$에서
$\log_{\frac{1}{2}} x>\dfrac{1}{2}\log_{\frac{1}{2}}(6x+16)$
$2\log_{\frac{1}{2}} x>\log_{\frac{1}{2}}(6x+16)$
$\log_{\frac{1}{2}} x^2>\log_{\frac{1}{2}}(6x+16)$
이때 밑 $\dfrac{1}{2}$이 $0<\dfrac{1}{2}<1$이므로
$x^2<6x+16$
$x^2-6x-16<0$, $(x+2)(x-8)<0$
$\therefore -2<x<8$ $\qquad$ ······ ㉡
㉠, ㉡에서 $0<x<8$
따라서 주어진 부등식을 만족시키는 자연수 x의 최댓값은 7이고, 최솟값은 1이므로 그 합은
$7+1=8$

086 답 ①

진수의 조건에 의하여
$2(x+1)>0$, $|x-1|>0$
$\therefore -1<x<1$ 또는 $x>1$
$\log_4 2(x+1)=\dfrac{1}{2}+\log_2 |x-1|$에서
$\dfrac{1}{2}\log_2 2(x+1)=\dfrac{1}{2}+\log_2 |x-1|$
$\log_2 2(x+1)=1+2\log_2 |x-1|$
$1+\log_2(x+1)=1+2\log_2 |x-1|$
$\log_2(x+1)=\log_2(x-1)^2$
$x+1=(x-1)^2$, $x^2-3x=0$
$x(x-3)=0$
$\therefore x=0$ 또는 $x=3$
따라서 주어진 방정식의 모든 실근의 합은
$0+3=3$

087 답 ④

진수의 조건에 의하여 $3^{2x}+8>0$이고, 이는 실수 x에 대하여 성립한다.

$\log_3 (3^{2x}+8)=x+\log_3 6$에서

$\log_3 (3^{2x}+8)=\log_3 3^x+\log_3 6$

$\log_3 (3^{2x}+8)=\log_3 (3^x\times 6)$

$3^{2x}+8=3^x\times 6$

$3^{2x}-6\times 3^x+8=0$

$3^x=t\ (t>0)$이라 하면

$t^2-6t+8=0,\ (t-2)(t-4)=0$

$\therefore t=2$ 또는 $t=4$

즉, $3^x=2$ 또는 $3^x=4$이므로

$x=\log_3 2$ 또는 $x=\log_3 4$

따라서 주어진 방정식의 모든 실근의 합은

$\log_3 2+\log_3 4=\log_3 8$

088 답 ④

진수의 조건에 의하여 $x>0$

밑의 조건에 의하여 $x>0,\ x\neq 1$

$\therefore 0<x<1,\ x>1$

$\log_3 x=6\log_x 3+1$에서

$\log_x 3=\dfrac{1}{\log_3 x}$이므로 $\log_3 x=t$라 하면

$t=\dfrac{6}{t}+1,\ t^2-t-6=0$

$(t+2)(t-3)=0$　　$\therefore t=-2$ 또는 $t=3$

즉, $\log_3 x=-2$ 또는 $\log_3 x=3$이므로

$x=\dfrac{1}{9}$ 또는 $x=27$

그런데 $\alpha<\beta$이므로 $\alpha=\dfrac{1}{9},\ \beta=27$

$\therefore \dfrac{1}{\alpha}+\beta=9+27=36$

089 답 ④

진수의 조건에 의하여

$4a>0$　　$\therefore a>0$　　……㉠

$\log_{\sqrt 2} 4a=2\log_2 4a=2(2+\log_2 a)$이므로 주어진 이차방정식은

$x^2-2(2+\log_2 a)x+9=0$

이 이차방정식이 실근을 가지려면 판별식을 D라 할 때

$\dfrac{D}{4}=\{-(2+\log_2 a)\}^2-9\geq 0$

$(\log_2 a)^2+4\log_2 a-5\geq 0$

$\log_2 a=t$라 하면

$t^2+4t-5\geq 0,\ (t+5)(t-1)\geq 0$

$\therefore t\leq -5$ 또는 $t\geq 1$

즉, $\log_2 a\leq -5$ 또는 $\log_2 a\geq 1$이므로

$\log_2 a\leq \log_2 2^{-5}$ 또는 $\log_2 a\geq \log_2 2$

이때 밑 2가 $2>1$이므로

$a\leq \dfrac{1}{32}$ 또는 $a\geq 2$　　……㉡

㉠, ㉡에서 $0<a\leq \dfrac{1}{32}$ 또는 $a\geq 2$

따라서 구하는 정수 a의 최솟값은 2이다.

본문 32~36쪽

등급 업 도전하기

090 답 ⑤

$36=\dfrac{180}{5}=\dfrac{180}{180^x}=180^{1-x}$이므로

$36^{\frac{2-x-y}{2(1-x)}}=(180^{1-x})^{\frac{2-x-y}{2(1-x)}}$

　　　　$=180^{\frac{2-x-y}{2}}$

　　　　$=(180^{2-x-y})^{\frac{1}{2}}$

　　　　$=\left(\dfrac{180^2}{180^x\times 180^y}\right)^{\frac{1}{2}}$

　　　　$=\left(\dfrac{180^2}{5\times 4}\right)^{\frac{1}{2}}$

　　　　$=(180\times 9)^{\frac{1}{2}}$

　　　　$=(2^2\times 5\times 9^2)^{\frac{1}{2}}$

　　　　$=18\sqrt 5$

091 답 ④

$\log_{a^3} ab^2=\log_{a^3} a+\log_{a^3} b^2$

　　　　$=\dfrac{1}{3}\log_a a+\dfrac{2}{3}\log_a b$

　　　　$=\dfrac{1}{3}+\dfrac{2}{3}\log_a b$

$\log_{b^2} a^3 b=\log_{b^2} a^3+\log_{b^2} b$

　　　　$=\dfrac{3}{2}\log_b a+\dfrac{1}{2}\log_b b$

　　　　$=\dfrac{3}{2}\log_b a+\dfrac{1}{2}$

$a>1,\ b>1$에서 $\log_a b>0,\ \log_b a>0$이므로 산술평균과 기하평균의 관계에 의하여

$\log_{a^3} ab^2+\log_{b^2} a^3 b$

$=\dfrac{1}{3}+\dfrac{2}{3}\log_a b+\dfrac{3}{2}\log_b a+\dfrac{1}{2}$

$=\dfrac{5}{6}+\dfrac{2}{3}\log_a b+\dfrac{3}{2}\log_b a$

$\geq \dfrac{5}{6}+2\sqrt{\dfrac{2}{3}\log_a b\times \dfrac{3}{2}\log_b a}$

$=\dfrac{5}{6}+2=\dfrac{17}{6}\left(\text{단, 등호는 } \dfrac{2}{3}\log_a b=\dfrac{3}{2}\log_b a \text{일 때 성립한다.}\right)$

따라서 $\log_{a^3} ab^2+\log_{b^2} a^3 b$의 최솟값은 $\dfrac{17}{6}$이다.

092 답 ③

$\dfrac{3a}{\log_a b^2}=\dfrac{b}{\log_b a^3}=\dfrac{3a+b}{7}=k\ (k>0)$이라 하면

$\dfrac{3a}{\log_a b^2}=k$에서 $3a=k\log_a b^2=2k\log_a b$ ……㉠

$\dfrac{b}{\log_b a^3}=k$에서 $b=k\log_b a^3=3k\log_b a$ ……㉡

$\dfrac{3a+b}{7}=k$에서 $3a+b=7k$ ……㉢

㉠, ㉡을 ㉢에 대입하면

$2k\log_a b+3k\log_b a=7k$

$\therefore 2\log_a b+3\log_b a=7\ (\because k>0)$

이때 $\log_a b=t\ (0<t<1)$이라 하면

$2t+\dfrac{3}{t}=7,\ 2t^2-7t+3=0$

$(2t-1)(t-3)=0$ $\therefore t=\dfrac{1}{2}$ 또는 $t=3$

그런데 $0<t<1$이므로 $t=\dfrac{1}{2}$

$\therefore \log_a b=\dfrac{1}{2}$

[참고]
$a>b>1$에서 $0<\log_a b<1$이므로 $0<t<1$이다.

093 답 ③

n의 $(n+3)$제곱근을 x라 하면 n의 $(n+3)$제곱근 중 실수인 제곱근의 개수는

$x^{n+3}=n$에서

n이 짝수일 때, $n+3$은 홀수이므로

$f(n)=1$

n이 홀수일 때, $n+3$은 짝수이므로

$f(n)=2$

이때 $f(2)+f(3)+\cdots+f(a)=39$이므로

(i) a가 짝수라 가정하면

$\qquad f(2)+f(3)+\cdots+f(a)=1+2+\cdots+1$

$\qquad\qquad\qquad\qquad\quad =(1+2)\times\dfrac{a}{2}-2=39$

$\dfrac{3a}{2}=41$이므로 $a=\dfrac{82}{3}$

그런데 a는 자연수가 아니므로 조건을 만족시키지 않는다.

(ii) a가 홀수라 가정하면

$\qquad f(2)+f(3)+\cdots+f(a)=1+2+\cdots+1+2$

$\qquad\qquad\qquad\qquad\quad =(1+2)\times\dfrac{a-1}{2}=39$

$\dfrac{a-1}{2}=13$이므로 $a=27$

(i), (ii)에서 $a=27$

또한, $(-n^2)^n$의 n제곱근을 y라 하면 $(-n^2)^n$의 n제곱근 중 실수인 제곱근의 개수는

$y^n=(-n^2)^n$에서

n이 짝수일 때, $y^n=n^{2n}$이므로

$g(n)=2$

n이 홀수일 때, $y^n=-n^{2n}$이므로

$g(n)=1$

이때 $g(2)+g(3)+\cdots+g(b)=20$이므로

(iii) b가 짝수라 가정하면

$\qquad g(2)+g(3)+\cdots+g(b)=2+1+\cdots+2$

$\qquad\qquad\qquad\qquad\quad =(2+1)\times\dfrac{b}{2}-1=20$

$\dfrac{3b}{2}=21$이므로 $b=14$

(iv) b가 홀수라 가정하면

$\qquad g(2)+g(3)+\cdots+g(b)=2+1+\cdots+2+1$

$\qquad\qquad\qquad\qquad\quad =(2+1)\times\dfrac{b-1}{2}=20$

$\dfrac{b-1}{2}=\dfrac{20}{3}$이므로 $b=\dfrac{43}{3}$

그런데 b는 자연수가 아니므로 조건을 만족시키지 않는다.

(iii), (iv)에서 $b=14$

$\therefore a+b=27+14=41$

094 답 ③

$\mathrm{P}(k,0)$이므로 $\mathrm{A}(k,\log_2 k),\ \mathrm{B}(k,\log_2(k-4))$이다.

$2\overline{\mathrm{AB}}=\overline{\mathrm{BP}}$이므로 $\dfrac{2}{3}\overline{\mathrm{AP}}=\overline{\mathrm{BP}}$

$\dfrac{2}{3}\log_2 k=\log_2(k-4)$

$2\log_2 k=3\log_2(k-4)$

$\log_2 k^2=\log_2(k-4)^3$

$k^2=(k-4)^3,\ k^3-13k^2+48k-64=0$

$(k-8)(k^2-5k+8)=0$

$\therefore k=8\ (\because k^2-5k+8>0)$

함수 $y=\log_2(x-4)$의 그래프는 함수 $y=\log_2 x$의 그래프를 x축의 방향으로 4만큼 평행이동한 것이다.

즉, 다음 그림에서 빗금 친 두 부분의 넓이가 서로 같으므로 구하는 부분의 넓이는 평행사변형 ACDE의 넓이와 같다.

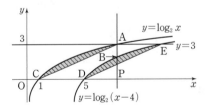

따라서 구하는 넓이는

$4\times 3=12$

다른 풀이

직선 $y=\log_2 k$, 즉 $y=\log_2 8$과 함수 $y=\log_2(x-4)$의 그래프가 만나는 점의 x좌표는

$\log_2 8=\log_2(x-4)$에서 $8=x-4$

$\therefore x=12$

이때 함수 $y=\log_2 x$의 그래프가 x축과 만나는 점의 x좌표는 1이고, 함수 $y=\log_2(x-4)$의 그래프가 x축과 만나는 점의 x좌표는 5이다.

또한, 함수 $y=\log_2(x-4)$의 그래프는 함수 $y=\log_2 x$의 그래프를 x축의 방향으로 4만큼 평행이동한 것이므로

(i) 함수 $y=\log_2 x$의 그래프와 x축 및 직선 $x=4$로 둘러싸인 부분의 넓이는 함수 $y=\log_2(x-4)$의 그래프와 x축 및 직선 $x=8$로 둘러싸인 부분의 넓이와 같다.

(ii) 함수 $y=\log_2 x$의 그래프와 두 직선 $y=3$, $x=4$로 둘러싸인 부분의 넓이는 함수 $y=\log_2(x-4)$의 그래프와 두 직선 $y=3$, $x=8$로 둘러싸인 부분의 넓이와 같다.

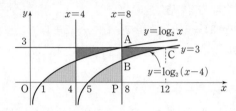

(i), (ii)에서 구하는 부분의 넓이는 x축 및 세 직선 $y=3$, $x=4$, $x=8$로 둘러싸인 직사각형의 넓이와 같으므로
$4\times3=12$

095 답 ①

함수 $y=a^x-2$의 그래프는 함수 $y=a^x$의 그래프를 y축의 방향으로 -2만큼 평행이동한 것이므로
$\overline{BC}=2$
즉, 정삼각형 ABC는 한 변의 길이가 2이므로
$\overline{AB}=\overline{BC}=\overline{CA}=2$
한편, 점 B의 y좌표가 0이므로 점 B의 x좌표는
$0=a^x-2$에서 $a^x=2$
$\therefore x=\log_a 2$
$\therefore \mathrm{B}(\log_a 2,\ 0)$
이때 $\overline{AB}=2$이므로 두 점 $\mathrm{A}(0,\ 1)$, $\mathrm{B}(\log_a 2,\ 0)$에 대하여
$$\overline{AB}=\sqrt{(\log_a 2-0)^2+(0-1)^2}$$
$$=\sqrt{(\log_a 2)^2+1}=2$$
에서
$(\log_a 2)^2+1=4$, $(\log_a 2)^2=3$
$\therefore \log_a 2=\sqrt3$ ($\because a>1$이므로 $\log_a 2>0$)
$$\therefore \log_4 a=\frac12\log_2 a=\frac{1}{2\log_a 2}$$
$$=\frac{1}{2\sqrt3}=\frac{\sqrt3}{6}$$

다른 풀이

점 A의 좌표가 $(0,\ 1)$이므로 직각삼각형 AOB에서
$$\overline{OB}=\sqrt{\overline{AB}^2-\overline{OA}^2}$$
$$=\sqrt{2^2-1^2}=\sqrt3 \quad\cdots\cdots \text{㉠}$$
한편, $0=a^x-2$에서
$a^x=2$
$\therefore x=\log_a 2$
$\therefore \mathrm{B}(\log_a 2,\ 0)$ $\quad\cdots\cdots \text{㉡}$
㉠, ㉡에서 $\log_a 2=\sqrt3$

096 답 4

점 A에서 x축에 내린 수선의 발인 점 A_1의 좌표가 $(2^n,\ 0)$이므로 점 A의 좌표는 $(2^n,\ \log_2 2^n)$, 즉 $(2^n,\ n)$이다.
점 A를 지나고 x축에 평행한 직선의 방정식은 $y=n$이므로 점 A_2의 x좌표는
$2^x=n$에서 $x=\log_2 n$
$\therefore \mathrm{A}_2(\log_2 n,\ n)$
즉, 사각형 $\mathrm{AA}_2\mathrm{A}_3\mathrm{A}_1$의 넓이는
$$\overline{\mathrm{AA}_1}\times\overline{\mathrm{AA}_2}=n\times(2^n-\log_2 n)$$
이때 사각형 $\mathrm{AA}_2\mathrm{A}_3\mathrm{A}_1$의 넓이가 56이므로
$n(2^n-\log_2 n)=56 \quad\cdots\cdots \text{㉠}$
n은 자연수이므로 ㉠이 성립하려면 $2^n-\log_2 n$은 유리수이어야 한다. 즉, $2^n-\log_2 n$에서 $\log_2 n$도 유리수이어야 하므로 자연수 k에 대하여
$n=2^k$ ($\because n$은 자연수)
꼴이어야 한다.
이때 n은 2보다 큰 자연수이므로
$n=2^2,\ 2^3,\ 2^4,\ \cdots$

(i) n이 4인 경우
$2^4-\log_2 4=16-2=14$
이므로 ㉠이 성립한다.

(ii) n이 8 이상인 경우
$n=8$이면
$2^8-\log_2 8=256-3=253$
이므로 ㉠이 성립하지 않는다.
$n>8$이면 같은 방법으로 ㉠이 성립하지 않는다.

(i), (ii)에서 $n=4$

097 답 ③

$2^x=t\ (t>0)$이라 하면 주어진 방정식은
$t^2-4nt+k=0 \quad\cdots\cdots \text{㉠}$
주어진 방정식의 두 실근을 각각 α, $\beta\ (\alpha<0<\beta)$라 하면
$2^\alpha<2^0=1$, $2^\beta>2^0=1$이므로 이차방정식 ㉠의 두 실근을 t_1, $t_2\ (t_1<t_2)$라 할 때
$0<t_1=2^\alpha<1$, $t_2=2^\beta>1$
이어야 한다.

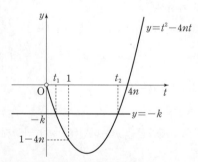

이차방정식 ㉠의 두 실근 t_1, t_2는 두 함수 $y=t^2-4nt$, $y=-k$의 그래프의 교점의 t좌표와 같으므로
$1-4n<-k<0$에서

$0<k<4n-1$

이때 모든 자연수 n에 대하여 앞의 부등식이 성립해야 하므로

$4n-1\geq3$이고

$0<k<3$

따라서 $a=0$, $b=3$이므로

$a+b=0+3=3$

098 답 ③

주어진 부등식

$1-\log_{\frac{1}{2}}f(x)\geq\log_2\{2g(x)\}$

에서 진수의 조건에 의하여

$f(x)>0$, $g(x)>0$ $\quad\cdots\cdots$ ㉠

$1-\log_{\frac{1}{2}}f(x)=1-\{-\log_2 f(x)\}=1+\log_2 f(x)$,

$\log_2\{2g(x)\}=\log_2 2+\log_2 g(x)=1+\log_2 g(x)$

이므로 주어진 부등식은

$1+\log_2 f(x)\geq1+\log_2 g(x)$

$\log_2 f(x)\geq\log_2 g(x)$

$f(x)\geq g(x)$ $\quad\cdots\cdots$ ㉡

㉠, ㉡을 동시에 만족시켜야 하므로

$0<g(x)\leq f(x)$ $\quad\cdots\cdots$ ㉢

$g(x)=\begin{cases}-x+8 & (x\geq2)\\ x+4 & (x<2)\end{cases}$ 이므로

두 함수 $y=f(x)$, $y=g(x)$의 그래프의 교점의 x좌표를 구해 보면

(i) $x\geq2$일 때, $f(x)=g(x)$에서

$(x-2)^2=-x+8$

$x^2-3x-4=0$, $(x-4)(x+1)=0$

$x\geq2$이므로

$x=4$

(ii) $x<2$일 때, $f(x)=g(x)$에서

$(x-2)^2=x+4$

$x^2-5x=0$, $x(x-5)=0$

$x<2$이므로

$x=0$

(i), (ii)에서 두 함수 $y=f(x)$, $y=g(x)$의 그래프의 교점의 좌표는 $(0,4)$, $(4,4)$이므로 그래프는 다음 그림과 같다.

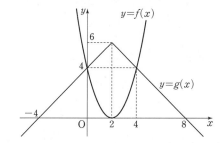

즉, ㉢을 만족시키는 x의 값의 범위는

$-4<x\leq0$ 또는 $4\leq x<8$

이므로 정수 x의 개수는 -3, -2, -1, 0, 4, 5, 6, 7의 8이다.

II 삼각함수

099 답 ④

구하는 부채꼴의 호의 길이는

$4\times\dfrac{\pi}{4}=\pi$

100 답 ②

$\sin\theta=-\sqrt{1-\cos^2\theta}\left(\because\dfrac{3}{2}\pi<\theta<2\pi\right)$

$=-\sqrt{1-\dfrac{2}{3}}=-\dfrac{\sqrt{3}}{3}$

$\therefore \tan\theta=\dfrac{\sin\theta}{\cos\theta}=\dfrac{-\dfrac{\sqrt{3}}{3}}{\dfrac{\sqrt{6}}{3}}=-\dfrac{\sqrt{2}}{2}$

다른 풀이

θ를 예각 x라 생각하면 $\cos x=\dfrac{\sqrt{6}}{3}$을 만족

시키는 직각삼각형은 오른쪽 그림과 같다.

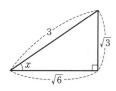

$\therefore \tan x=\dfrac{\sqrt{3}}{\sqrt{6}}=\dfrac{\sqrt{2}}{2}$

이때 $\dfrac{3}{2}\pi<\theta<2\pi$이므로

$\tan\theta=-\dfrac{\sqrt{2}}{2}$

101 답 6

모든 실수 x에 대하여

$-1\leq\sin x\leq1$

이므로 함수 $f(x)=5\sin x+1$의 최댓값은

$5\times1+1=6$

102 답 ⑤

$\sin\left(\dfrac{\pi}{2}+\theta\right)=\dfrac{3}{5}$에서 $\cos\theta=\dfrac{3}{5}$

이때 $\sin\theta\cos\theta<0$에서 $\sin\theta<0$이므로

$\sin\theta=-\sqrt{1-\cos^2\theta}$

$=-\sqrt{1-\dfrac{9}{25}}=-\dfrac{4}{5}$

$\therefore \sin\theta+2\cos\theta=-\dfrac{4}{5}+2\times\dfrac{3}{5}=\dfrac{2}{5}$

103 답 ④

함수 $y=\sin 4x$의 주기는

$$\frac{2\pi}{|4|}=\frac{\pi}{2}$$

$0\le x<2\pi$에서 함수 $y=\sin 4x$의 그래프와 직선 $y=\frac{1}{2}$은 다음 그림과 같다.

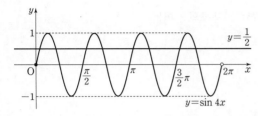

따라서 구하는 서로 다른 실근의 개수는 8이다.

104 답 21

삼각형 ABC의 외접원의 반지름의 길이가 15이므로 사인법칙에 의하여

$$\frac{\overline{AC}}{\sin B}=2\times 15=30$$

$$\therefore \overline{AC}=30\times \sin B=30\times \frac{7}{10}=21$$

105 답 ⑤

삼각형 ABD에서 코사인법칙에 의하여

$$\cos A=\frac{6^2+6^2-(\sqrt{15})^2}{2\times 6\times 6}=\frac{57}{72}=\frac{19}{24}$$

이므로 삼각형 ABC에서 코사인법칙에 의하여

$$\overline{BC}^2=\overline{AB}^2+\overline{AC}^2-2\times \overline{AB}\times \overline{AC}\times \cos A$$

$$=6^2+10^2-2\times 6\times 10\times \frac{19}{24}$$

$$=36+100-95=41$$

$$\therefore \overline{BC}=\sqrt{41}$$

유형별 문제로 수능 대비하기   본문 40~54쪽

106 답 32

부채꼴의 반지름의 길이를 r, 호의 길이를 l이라 할 때, 중심각의 크기가 1라디안이므로

$$\frac{l}{r}=1,\text{ 즉 } l=r$$

이때 부채꼴의 둘레의 길이는 $2r+l=24$이므로
이 식에 $l=r$를 대입하면

$$3r=24 \quad \therefore r=8,\ l=8$$

따라서 부채꼴의 넓이는

$$\frac{1}{2}rl=\frac{1}{2}\times 8\times 8=32$$

107 답 ③

부채꼴의 반지름의 길이를 $r\ (r>2)$, 중심각의 크기를 θ라 하자.
부채꼴의 둘레의 길이가 16이므로

$$2r+r\theta=16 \quad\cdots\cdots\ \text{㉠}$$

부채꼴의 넓이가 12이므로

$$\frac{1}{2}r^2\theta=12 \quad\cdots\cdots\ \text{㉡}$$

㉠에서 $r\theta=16-2r$이므로 ㉡에 대입하면

$$\frac{1}{2}r(16-2r)=12,\ r(8-r)=12$$

$$r^2-8r+12=0,\ (r-2)(r-6)=0$$

이때 $r>2$이므로 $r=6$

$r=6$을 ㉠에 대입하면

$$12+6\theta=16 \quad \therefore \theta=\frac{2}{3}$$

108 답 ④

반지름의 길이와 호의 길이의 비가 1 : 2인 부채꼴의 중심각의 크기는 2(라디안)이다.
두 부채꼴 A_1, A_2의 호의 길이의 합이 12이므로

$$2r_1+2r_2=12$$

$$\therefore r_1+r_2=6$$

두 부채꼴 A_1, A_2의 넓이의 합이 20이므로

$$\frac{1}{2}\times r_1^2\times 2+\frac{1}{2}\times r_2^2\times 2=20$$

$$\therefore r_1^2+r_2^2=20$$

$$\therefore r_1r_2=\frac{1}{2}\{(r_1+r_2)^2-(r_1^2+r_2^2)\}$$

$$=\frac{1}{2}\times (6^2-20)=8$$

109 답 ①

부채꼴 OAB의 반지름의 길이가 6, 호 AB의 길이가 2π이므로 중심각의 크기는

$$\frac{2}{6}\pi=\frac{\pi}{3}$$

점 C는 호 AB의 중점이므로 부채꼴 OBC의 반지름의 길이는 6이고, 중심각의 크기는 $\frac{1}{2}\times \frac{\pi}{3}=\frac{\pi}{6}$이다.

$$\therefore (\text{부채꼴 OBC의 넓이})=\frac{1}{2}\times 6^2\times \frac{\pi}{6}=3\pi$$

또한, 직각삼각형 OCD에서 $\overline{OC}=6$이므로

$$\overline{OD}=6\cos \frac{\pi}{6}=3\sqrt{3},\ \overline{DC}=6\sin \frac{\pi}{6}=3$$

$$\therefore (\text{삼각형 OCD의 넓이})=\frac{1}{2}\times 3\sqrt{3}\times 3=\frac{9\sqrt{3}}{2}$$

따라서 구하는 도형의 넓이는 부채꼴 OBC의 넓이에서 삼각형 OCD의 넓이를 뺀 값과 같으므로

$$3\pi-\frac{9\sqrt{3}}{2}$$

110 답 ①

$\dfrac{\sin\theta}{1-\sin\theta}-\dfrac{\sin\theta}{1+\sin\theta}=4$에서

$\dfrac{\sin\theta(1+\sin\theta)-\sin\theta(1-\sin\theta)}{(1-\sin\theta)(1+\sin\theta)}=4$

$\dfrac{2\sin^2\theta}{1-\sin^2\theta}=4$

$\dfrac{2(1-\cos^2\theta)}{\cos^2\theta}=4$

$1-\cos^2\theta=2\cos^2\theta$

$\therefore \cos^2\theta=\dfrac{1}{3}$

이때 $\dfrac{\pi}{2}<\theta<\pi$이므로

$\cos\theta=-\dfrac{\sqrt{3}}{3}$

111 답 ①

점 $P(-4,\ 3)$에 대하여

$\overline{OP}=\sqrt{(-4)^2+3^2}=5$이므로

$\cos\theta=-\dfrac{4}{5},\ \tan\theta=-\dfrac{3}{4}$

$\therefore \cos\theta+\tan\theta=\left(-\dfrac{4}{5}\right)+\left(-\dfrac{3}{4}\right)$

$\qquad\qquad\qquad\quad =-\dfrac{31}{20}$

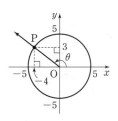

112 답 ④

$\cos\theta<0$이므로

$\cos\theta=-\sqrt{1-\sin^2\theta}$

$\qquad =-\sqrt{1-\left(\dfrac{12}{13}\right)^2}$

$\qquad =-\sqrt{\dfrac{25}{169}}=-\dfrac{5}{13}$

$\therefore \tan\theta=\dfrac{\sin\theta}{\cos\theta}=\dfrac{\dfrac{12}{13}}{-\dfrac{5}{13}}=-\dfrac{12}{5}$

$\therefore 13\cos\theta+\dfrac{12}{\tan\theta}=13\times\left(-\dfrac{5}{13}\right)+12\times\left(-\dfrac{5}{12}\right)$

$\qquad\qquad\qquad\qquad =-10$

113 답 ④

$\log_8(6\cos\theta)=\dfrac{1}{2}$에서

$6\cos\theta=\sqrt{8}=2\sqrt{2}$　$\therefore \cos\theta=\dfrac{\sqrt{2}}{3}$

$\dfrac{3}{2}\pi<\theta<2\pi$이므로

$\sin\theta=-\sqrt{1-\cos^2\theta}$

$\qquad =-\sqrt{1-\left(\dfrac{\sqrt{2}}{3}\right)^2}=-\dfrac{\sqrt{7}}{3}$

$\therefore \tan\theta=\dfrac{\sin\theta}{\cos\theta}=\dfrac{-\dfrac{\sqrt{7}}{3}}{\dfrac{\sqrt{2}}{3}}=-\dfrac{\sqrt{14}}{2}$

$\therefore \sqrt{7}\sin\theta-\sqrt{14}\tan\theta=\sqrt{7}\times\left(-\dfrac{\sqrt{7}}{3}\right)-\sqrt{14}\times\left(-\dfrac{\sqrt{14}}{2}\right)$

$\qquad\qquad\qquad\qquad\qquad =\dfrac{14}{3}$

114 답 ③

$\dfrac{1}{1+\cos\theta}+\dfrac{1}{1-\cos\theta}=\dfrac{(1-\cos\theta)+(1+\cos\theta)}{1-\cos^2\theta}$

$\qquad\qquad\qquad\qquad\qquad =\dfrac{2}{1-\cos^2\theta}$

$\qquad\qquad\qquad\qquad\qquad =\dfrac{2}{\sin^2\theta}=12$

에서 $\sin^2\theta=\dfrac{1}{6}$

이때 θ는 제2사분면의 각이므로

$\sin\theta=\sqrt{\dfrac{1}{6}}=\dfrac{\sqrt{6}}{6}$

$\cos\theta=-\sqrt{1-\sin^2\theta}=-\sqrt{1-\dfrac{1}{6}}=-\dfrac{\sqrt{30}}{6}$

$\therefore \sin\theta\times\cos\theta=\dfrac{\sqrt{6}}{6}\times\left(-\dfrac{\sqrt{30}}{6}\right)=-\dfrac{\sqrt{5}}{6}$

115 답 ①

직선 $3x+4y=0$, 즉 $y=-\dfrac{3}{4}x$와 수직인 직선의 기울기는 $\dfrac{4}{3}$이므

로 점 $A(-3,\ 0)$을 지나고 기울기가 $\dfrac{4}{3}$인 직선의 방정식은

$y=\dfrac{4}{3}(x+3)$, 즉 $y=\dfrac{4}{3}x+4$

$\therefore \tan\alpha=\dfrac{4}{3}$

이때 직선 $y=\dfrac{4}{3}x+4$가 y축과 만나는

점 $(0,\ 4)$를 B라 하면

$\overline{AB}=\sqrt{3^2+4^2}=5$이므로

$\sin\alpha=\dfrac{\overline{BO}}{\overline{AB}}=\dfrac{4}{5}$

$\cos\alpha=\dfrac{\overline{AO}}{\overline{AB}}=\dfrac{3}{5}$

$\therefore \sin\alpha+\cos\alpha=\dfrac{4}{5}+\dfrac{3}{5}=\dfrac{7}{5}$

116 답 ⑤

$\dfrac{\sin\theta-\cos\theta}{\sin\theta+\cos\theta}=-\dfrac{1}{3}$에서

$-3\sin\theta+3\cos\theta=\sin\theta+\cos\theta$

$2\sin\theta=\cos\theta$　……㉠

$0<\theta<\dfrac{\pi}{2}$이므로

$\sin\theta>0$, $\cos\theta>0$

㉠의 양변을 $2\cos\theta$로 나누면

$\dfrac{\sin\theta}{\cos\theta}=\dfrac{1}{2}$

$\therefore \tan\theta=\dfrac{1}{2}$, $\sin\theta=\dfrac{1}{\sqrt{5}}$

$\therefore \sin^2\theta+\tan^2\theta=\left(\dfrac{1}{\sqrt{5}}\right)^2+\left(\dfrac{1}{2}\right)^2=\dfrac{9}{20}$

117   답 ④

$2\sin^2\theta+(1-\tan^4\theta)\cos^4\theta$

$=2\sin^2\theta+\left(1-\dfrac{\sin^4\theta}{\cos^4\theta}\right)\cos^4\theta$

$=2\sin^2\theta+\dfrac{\cos^4\theta-\sin^4\theta}{\cos^4\theta}\times\cos^4\theta$

$=2\sin^2\theta+(\cos^4\theta-\sin^4\theta)$

$=2\sin^2\theta+(\cos^2\theta+\sin^2\theta)(\cos^2\theta-\sin^2\theta)$

$=2\sin^2\theta+\cos^2\theta-\sin^2\theta$

$=\sin^2\theta+\cos^2\theta=1$

118   답 ③

이차방정식 $3x^2-7x+k=0$의 두 근이 $\dfrac{2}{\sin^2\theta}$, $\dfrac{2}{\cos^2\theta}$이므로 이차

방정식의 근과 계수의 관계에 의하여

$\dfrac{2}{\sin^2\theta}+\dfrac{2}{\cos^2\theta}=\dfrac{7}{3}$ ...... ㉠

$\dfrac{2}{\sin^2\theta}\times\dfrac{2}{\cos^2\theta}=\dfrac{4}{\sin^2\theta\cos^2\theta}=\dfrac{k}{3}$ ...... ㉡

㉠에서

$\dfrac{2(\sin^2\theta+\cos^2\theta)}{\sin^2\theta\cos^2\theta}=\dfrac{2}{\sin^2\theta\cos^2\theta}=\dfrac{7}{3}$

$\therefore \sin^2\theta\cos^2\theta=\dfrac{6}{7}$ ...... ㉢

㉢을 ㉡에 대입하면

$4\times\dfrac{7}{6}=\dfrac{k}{3}$ $\therefore k=14$

119   답 8

함수 $f(x)$의 최솟값이

$-|a|+8-a=-2a+8\ (\because a>0)$

조건 (가)에서 $f(x)\geq0$이고, 조건 (나)의 방정식 $f(x)=0$의 실근
이 존재하므로 함수 $f(x)$의 최솟값이 0이어야 한다.

즉, $-2a+8=0$에서

$2a=8$ $\therefore a=4$

따라서 함수 $f(x)=4\sin bx+8-4$의 주기는 $\dfrac{2\pi}{b}\ (\because b>0)$이
고, 조건 (나)에 의하여 $0\leq x<2\pi$일 때 함수 $y=f(x)$의 그래프와
직선 $y=0$의 교점의 개수는 4이어야 한다.

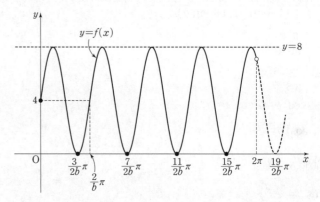

즉, $\dfrac{15}{2b}\pi<2\pi\leq\dfrac{19}{2b}\pi$이어야 하므로

$\dfrac{15}{4}<b\leq\dfrac{19}{4}$

위의 부등식을 만족시키는 자연수 b의 값은 4이다.

$\therefore a+b=4+4=8$

💡 플러스 특강

주기함수

상수함수가 아닌 함수 $f(x)$의 정의역에 속하는 모든 x에 대하여
$f(x+a)=f(x)$를 만족시키는 0이 아닌 상수 a가 존재할 때, 함수 $f(x)$를
주기함수라 하고, 상수 a의 값 중 최소의 양수를 함수 $f(x)$의 주기라 한다.

120   답 9

주어진 그래프에서 함수 $f(x)$의 주기가 $\dfrac{5}{4}\pi-\dfrac{\pi}{4}=\pi$이고,

$b>0$이므로

$\dfrac{2\pi}{b}=\pi$ $\therefore b=2$

함수 $f(x)$의 최댓값은 4, 최솟값은 -2이고, $a>0$이므로

$a+c=4$ ...... ㉠

$-a+c=-2$ ...... ㉡

㉠, ㉡을 연립하여 풀면 $a=3$, $c=1$

$\therefore a(b+c)=3\times(2+1)=9$

💡 플러스 특강

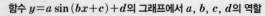

함수 $y=a\sin(bx+c)+d$의 그래프에서 a, b, c, d의 역할

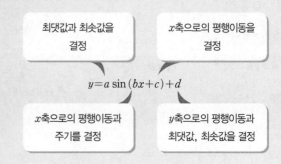

121 답 ①

$y=3\cos\left(\dfrac{1}{4}x-\dfrac{\pi}{2}\right)+1=3\cos\left\{\dfrac{1}{4}(x-2\pi)\right\}+1$

이므로 주어진 함수는 함수 $y=3\cos\dfrac{1}{4}x$를 x축의 방향으로 2π만큼, y축의 방향으로 1만큼 평행이동한 것이다.

따라서 함수 $f(x)$의 최댓값 $M=3+1=4$,

최솟값 $m=-3+1=-2$, 주기 $p=\dfrac{2\pi}{\frac{1}{4}}=8\pi$이므로

$Mmp=4\times(-2)\times8\pi=-64\pi$

122 답 ③

조건 (나)에서 함수 $f(x)=a\cos\left(x+\dfrac{\pi}{3}\right)+k$의 최댓값이 2이고, $a>0$이므로

$a+k=2$ ······ ㉠

조건 (가)에서 $f\left(\dfrac{\pi}{6}\right)=\dfrac{1}{2}$이므로

$a\cos\dfrac{\pi}{2}+k=\dfrac{1}{2}$ ∴ $k=\dfrac{1}{2}$

$k=\dfrac{1}{2}$을 ㉠에 대입하면 $a+\dfrac{1}{2}=2$ ∴ $a=\dfrac{3}{2}$

따라서 함수 $f(x)=\dfrac{3}{2}\cos\left(x+\dfrac{\pi}{3}\right)+\dfrac{1}{2}$의 최솟값은

$-\dfrac{3}{2}+\dfrac{1}{2}=-1$

123 답 11

함수 $f(x)$의 주기가 4π이고, $b>0$이므로

$\dfrac{2\pi}{b}=4\pi$ ∴ $b=\dfrac{1}{2}$

함수 $f(x)=a\sin\left\{b\left(x+\dfrac{\pi}{2}\right)\right\}+c$의 최댓값 6, 최솟값이 -2이고, $a>0$이므로

$a+c=6$ ······ ㉠

$-a+c=-2$ ······ ㉡

㉠, ㉡을 연립하여 풀면

$a=4$, $c=2$

∴ $a+2b+3c=4+2\times\dfrac{1}{2}+3\times2=11$

124 답 ③

함수 $f(x)$의 주기가 5π이고, $b>0$이므로

$\dfrac{2\pi}{b}=5\pi$ ∴ $b=\dfrac{2}{5}$

함수 $f(x)$의 최솟값이 $-\dfrac{1}{4}$이고 $a>0$이므로

$-a+c=-\dfrac{1}{4}$ ······ ㉠

$f\left(\dfrac{7}{12}\pi\right)=\dfrac{1}{2}$에서

$f\left(\dfrac{7}{12}\pi\right)=a\cos\left\{\dfrac{2}{5}\left(\dfrac{7}{12}\pi+\dfrac{\pi}{4}\right)\right\}+c$

$=a\cos\dfrac{\pi}{3}+c$

$=\dfrac{1}{2}a+c=\dfrac{1}{2}$

∴ $a+2c=1$ ······ ㉡

㉠, ㉡을 연립하여 풀면

$a=\dfrac{1}{2}$, $c=\dfrac{1}{4}$

따라서 $f(x)=\dfrac{1}{2}\cos\left\{\dfrac{2}{5}\left(x+\dfrac{\pi}{4}\right)\right\}+\dfrac{1}{4}$이므로 구하는 최댓값은

$\dfrac{1}{2}+\dfrac{1}{4}=\dfrac{3}{4}$

125 답 ④

$y=\cos^2 x+2\sin x+1$

$=(1-\sin^2 x)+2\sin x+1$

$=-\sin^2 x+2\sin x+2$

$\sin x=t$라 하면

$-\dfrac{\pi}{2}\leq x\leq\dfrac{\pi}{2}$에서 $-1\leq t\leq1$이고

$y=-t^2+2t+2=-(t-1)^2+3$

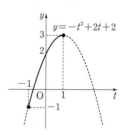

위의 그림에서 $t=\sin x=1$일 때 최댓값 3을 가지므로

$M=3$, $\sin\theta=1$

∴ $M+\sin\theta=3+1=4$

126 답 ④

$\sin(-\theta)=-\sin\theta$이므로

$\sin(-\theta)=\dfrac{1}{7}\cos\theta$에서

$-\sin\theta=\dfrac{1}{7}\cos\theta$

∴ $\cos\theta=-7\sin\theta$ ······ ㉠

㉠을 $\sin^2\theta+\cos^2\theta=1$에 대입하면

$\sin^2\theta+49\sin^2\theta=1$

$50\sin^2\theta=1$

이때 $\cos\theta<0$이므로 ㉠에서 $\sin\theta>0$

∴ $\sin\theta=\dfrac{1}{\sqrt{50}}=\dfrac{\sqrt{2}}{10}$

127 답 ④

$\sin\left(-\dfrac{5}{6}\pi\right)=-\sin\dfrac{5}{6}\pi=-\sin\left(\pi-\dfrac{\pi}{6}\right)=-\sin\dfrac{\pi}{6}=-\dfrac{1}{2}$

$\cos\dfrac{11}{3}\pi=\cos\left(4\pi-\dfrac{\pi}{3}\right)=\cos\left(-\dfrac{\pi}{3}\right)=\cos\dfrac{\pi}{3}=\dfrac{1}{2}$

$\tan\dfrac{5}{4}\pi=\tan\left(\pi+\dfrac{\pi}{4}\right)=\tan\dfrac{\pi}{4}=1$

$\therefore \sin\left(-\dfrac{5}{6}\pi\right)+\cos\dfrac{11}{3}\pi+\tan\dfrac{5}{4}\pi=-\dfrac{1}{2}+\dfrac{1}{2}+1=1$

128 답 ④

$\sin\left(\dfrac{\pi}{2}-\theta\right)+\cos\left(\dfrac{\pi}{2}+\theta\right)=-\dfrac{1}{2}$ 에서

$\cos\theta-\sin\theta=-\dfrac{1}{2}$

위의 식의 양변을 제곱하면

$\cos^2\theta-2\sin\theta\cos\theta+\sin^2\theta=\dfrac{1}{4}$

$1-2\sin\theta\cos\theta=\dfrac{1}{4}$

$\therefore \sin\theta\cos\theta=\dfrac{3}{8}$

$\therefore \sin^3\theta-\cos^3\theta$

$\quad =(\sin\theta-\cos\theta)(\sin^2\theta+\sin\theta\cos\theta+\cos^2\theta)$

$\quad =\dfrac{1}{2}\times\left(1+\dfrac{3}{8}\right)=\dfrac{11}{16}$

129 답 ①

$\cos\left(\dfrac{\pi}{2}+\theta\right)=-\sin\theta>0$ 이므로 $\sin\theta<0$

즉, $\sin\theta=-\sqrt{1-\cos^2\theta}=-\sqrt{1-\left(\dfrac{3}{5}\right)^2}=-\dfrac{4}{5}$ 이므로

$\tan\theta=\dfrac{\sin\theta}{\cos\theta}=\dfrac{-\dfrac{4}{5}}{\dfrac{3}{5}}=-\dfrac{4}{3}$

$\therefore \tan(\pi+\theta)-\dfrac{\cos(2\pi-\theta)}{\sin\left(\dfrac{3}{2}\pi+\theta\right)}=\tan\theta-\dfrac{\cos\theta}{-\cos\theta}$

$\qquad\qquad\qquad\qquad\qquad =-\dfrac{4}{3}+1=-\dfrac{1}{3}$

130 답 ⑤

$\sin\theta+2\sin\left(\dfrac{\pi}{2}+\theta\right)+\sin(\pi+\theta)$

$=\sin\theta+2\cos\theta-\sin\theta$

$=2\cos\theta=\dfrac{\sqrt{7}}{2}$

$\therefore \cos\theta=\dfrac{\sqrt{7}}{4}$

이때 $0<\theta<\dfrac{\pi}{2}$ 이므로

$\cos\left(\dfrac{\pi}{2}-\theta\right)=\sin\theta=\sqrt{1-\cos^2\theta}$

$\qquad\qquad\qquad =\sqrt{1-\left(\dfrac{\sqrt{7}}{4}\right)^2}=\dfrac{3}{4}$

131 답 ⑤

$\dfrac{\cos\theta}{1+2\sin(-\theta)}+\dfrac{\cos\theta}{1+2\sin(\pi-\theta)}$

$=\dfrac{\cos\theta}{1-2\sin\theta}+\dfrac{\cos\theta}{1+2\sin\theta}$

$=\dfrac{\cos\theta(1+2\sin\theta)+\cos\theta(1-2\sin\theta)}{1-4\sin^2\theta}$

$=\dfrac{2\cos\theta}{1-4\sin^2\theta}$

$=\dfrac{2\cos\theta}{1-4(1-\cos^2\theta)}$

$=\dfrac{2\cos\theta}{4\cos^2\theta-3}$

이므로

$\dfrac{2\cos\theta}{4\cos^2\theta-3}=\dfrac{1}{2}$ 에서

$4\cos^2\theta-3=4\cos\theta$, $4\cos^2\theta-4\cos\theta-3=0$

$(2\cos\theta+1)(2\cos\theta-3)=0$

$\therefore \cos\theta=-\dfrac{1}{2}$ $(\because -1\le\cos\theta\le1)$

이때 $\dfrac{\pi}{2}<\theta<\pi$ 이므로

$\sin\theta=\sqrt{1-\cos^2\theta}=\sqrt{1-\left(-\dfrac{1}{2}\right)^2}=\dfrac{\sqrt{3}}{2}$

$\tan\theta=\dfrac{\sin\theta}{\cos\theta}=\dfrac{\dfrac{\sqrt{3}}{2}}{-\dfrac{1}{2}}=-\sqrt{3}$

$\therefore \tan(\pi-\theta)=-\tan\theta=\sqrt{3}$

132 답 ②

방정식 $4\cos^2 x-1=0$ 에서

$4\cos^2 x=1$, $\cos^2 x=\dfrac{1}{4}$

$\therefore \cos x=-\dfrac{1}{2}$ 또는 $\cos x=\dfrac{1}{2}$

또한, 부등식 $\sin x\cos x<0$ 에서

$\sin x>0$, $\cos x<0$ 또는 $\sin x<0$, $\cos x>0$

즉, x는 제2사분면 또는 제4사분면의 각이다.

x가 제2사분면의 각이면

$\cos x=-\dfrac{1}{2}$ 에서 $x=\dfrac{2}{3}\pi$

x가 제4사분면의 각이면

$\cos x=\dfrac{1}{2}$ 에서 $x=\dfrac{5}{3}\pi$

따라서 모든 x의 값의 합은

$\dfrac{2}{3}\pi+\dfrac{5}{3}\pi=\dfrac{7}{3}\pi$

133　답 1

방정식 $\sin^2 x - 3\cos x - 1 = 0$에서

$(1 - \cos^2 x) - 3\cos x - 1 = 0$

$\cos^2 x + 3\cos x = 0$, $\cos x(\cos x + 3) = 0$

그런데 $0 \le x < \pi$에서 $-1 < \cos x \le 1$이므로

$\cos x + 3 > 0$

즉, $\cos x = 0$에서

$x = \dfrac{\pi}{2}$ $(\because 0 \le x < \pi)$

따라서 $\alpha = \dfrac{\pi}{2}$이므로

$\sin \alpha = \sin \dfrac{\pi}{2} = 1$

134　답 ③

방정식 $3\tan(x + 3\pi) - \sqrt{3} = 0$에서

$3\tan(x + 3\pi) = \sqrt{3}$, $3\tan x = \sqrt{3}$

$\therefore \tan x = \dfrac{\sqrt{3}}{3}$

$\therefore x = \dfrac{\pi}{6}$ 또는 $x = \dfrac{7}{6}\pi$ $(\because 0 \le x < 2\pi)$

따라서 주어진 방정식의 모든 근의 합은

$\alpha = \dfrac{\pi}{6} + \dfrac{7}{6}\pi = \dfrac{4}{3}\pi$

$\therefore \sin^2 \alpha \times \cos \alpha = \sin^2 \dfrac{4}{3}\pi \times \cos \dfrac{4}{3}\pi$

$\qquad\qquad = \left(-\sin \dfrac{\pi}{3}\right)^2 \times \left(-\cos \dfrac{\pi}{3}\right)$

$\qquad\qquad = \left(-\dfrac{\sqrt{3}}{2}\right)^2 \times \left(-\dfrac{1}{2}\right)$

$\qquad\qquad = -\dfrac{3}{8}$

135　답 ②

$2\cos^2 x - 3\sin x < 0$에서

$2(1 - \sin^2 x) - 3\sin x < 0$

$2\sin^2 x + 3\sin x - 2 > 0$

$(\sin x + 2)(2\sin x - 1) > 0$

그런데 $0 \le x < 2\pi$에서 $-1 \le \sin x \le 1$이므로

$\sin x + 2 > 0$

즉, $2\sin x - 1 > 0$에서 $\sin x > \dfrac{1}{2}$

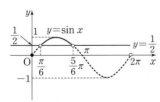

위의 그림에서 부등식 $\sin x > \dfrac{1}{2}$의 해는

$\dfrac{\pi}{6} < x < \dfrac{5}{6}\pi$

따라서 $\alpha = \dfrac{\pi}{6}$, $\beta = \dfrac{5}{6}\pi$이므로

$\cos\left(\alpha + \beta + \dfrac{\pi}{3}\right) = \cos\left(\dfrac{\pi}{6} + \dfrac{5}{6}\pi + \dfrac{\pi}{3}\right) = \cos\left(\pi + \dfrac{\pi}{3}\right)$

$\qquad\qquad\qquad\qquad = -\cos \dfrac{\pi}{3} = -\dfrac{1}{2}$

136　답 ④

주어진 방정식의 해 중 하나가 $\dfrac{3}{4}\pi$이므로

$2\cos^2 \dfrac{3}{4}\pi - 2\sin \dfrac{3}{4}\pi \times \cos \dfrac{3}{4}\pi$

$= 3\sin \dfrac{3}{4}\pi + 3\cos \dfrac{3}{4}\pi + k$

에서

$2 \times \left(-\dfrac{\sqrt{2}}{2}\right)^2 - 2 \times \dfrac{\sqrt{2}}{2} \times \left(-\dfrac{\sqrt{2}}{2}\right)$

$= 3 \times \dfrac{\sqrt{2}}{2} + 3 \times \left(-\dfrac{\sqrt{2}}{2}\right) + k$

$\therefore k = 2$

즉, $k = 2$를 주어진 방정식에 대입하면

$2(1 - \sin^2 x) - 2\sin x \cos x = 3\sin x + 3\cos x + 2$

$2\sin x(\sin x + \cos x) + 3(\sin x + \cos x) = 0$

$(\sin x + \cos x)(2\sin x + 3) = 0$

그런데 $0 \le x < 2\pi$에서 $-1 \le \sin x \le 1$이므로

$2\sin x + 3 > 0$

즉, $\sin x = -\cos x$에서

$x = \dfrac{3}{4}\pi$ 또는 $x = \dfrac{7}{4}\pi$ $(\because 0 \le x < 2\pi)$

따라서 $\alpha = \dfrac{7}{4}\pi$이므로

$k\alpha = 2 \times \dfrac{7}{4}\pi = \dfrac{7}{2}\pi$

137　답 ⑤

x에 대한 이차방정식 $x^2 - 4x + 4\tan^2 \theta = 0$이 서로 다른 두 실근을 가지려면 이 이차방정식의 판별식을 D라 할 때

$\dfrac{D}{4} = (-2)^2 - 4\tan^2 \theta > 0$

$4 - 4\tan^2 \theta > 0$

$4(\tan \theta - 1)(\tan \theta + 1) < 0$

$\therefore -1 < \tan \theta < 1$ $\qquad \cdots\cdots$ ㉠

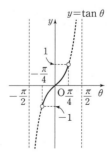

위의 그림에서 부등식 ㉠의 해는

$-\dfrac{\pi}{4} < \theta < \dfrac{\pi}{4}$

따라서 $\alpha=-\dfrac{\pi}{4}$, $\beta=\dfrac{\pi}{4}$이므로

$$\sin(\beta-\alpha)=\sin\left\{\dfrac{\pi}{4}-\left(-\dfrac{\pi}{4}\right)\right\}$$
$$=\sin\dfrac{\pi}{2}=1$$

138 답 ④

$2x+\dfrac{\pi}{3}=t$라 하면 $0\le x<\pi$에서 $\dfrac{\pi}{3}\le t<\dfrac{7}{3}\pi$이고

주어진 방정식은 $\cos t=\dfrac{\sqrt{3}}{2}$이다.

이때 방정식 $\cos t=\dfrac{\sqrt{3}}{2}$의 근은 함수 $y=\cos t$의 그래프와 직선

$y=\dfrac{\sqrt{3}}{2}$의 교점의 t좌표와 같다.

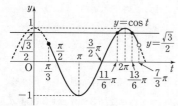

위의 그림에서 $\dfrac{\pi}{3}\le t<\dfrac{7}{3}\pi$일 때 방정식 $\cos t=\dfrac{\sqrt{3}}{2}$의 근은

$t=\dfrac{11}{6}\pi$ 또는 $t=\dfrac{13}{6}\pi$

즉,

$2x+\dfrac{\pi}{3}=\dfrac{11}{6}\pi$ 또는 $2x+\dfrac{\pi}{3}=\dfrac{13}{6}\pi$

이므로

$x=\dfrac{3}{4}\pi$ 또는 $x=\dfrac{11}{12}\pi$

따라서 주어진 방정식의 모든 근의 합은

$\theta=\dfrac{3}{4}\pi+\dfrac{11}{12}\pi=\dfrac{5}{3}\pi$

$$\therefore \cos\theta=\cos\dfrac{5}{3}\pi$$
$$=\cos\left(2\pi-\dfrac{\pi}{3}\right)$$
$$=\cos\dfrac{\pi}{3}=\dfrac{1}{2}$$

139 답 25

$2\cos^2\left(x-\dfrac{\pi}{3}\right)-\cos\left(x+\dfrac{\pi}{6}\right)-1\ge0$에서

$x-\dfrac{\pi}{3}=t$라 하면 $x+\dfrac{\pi}{6}=t+\dfrac{\pi}{2}$이므로

$2\cos^2 t-\cos\left(t+\dfrac{\pi}{2}\right)-1\ge0$

$2\cos^2 t+\sin t-1\ge0$

$2(1-\sin^2 t)+\sin t-1\ge0$

$2\sin^2 t-\sin t-1\le0$

$(2\sin t+1)(\sin t-1)\le0$

$\therefore -\dfrac{1}{2}\le\sin t\le1$ ……㉠

한편, $0\le x<2\pi$이므로 $-\dfrac{\pi}{3}\le t<\dfrac{5}{3}\pi$

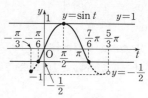

위의 그림에서 부등식 ㉠의 해는 $-\dfrac{\pi}{6}\le t\le\dfrac{7}{6}\pi$이므로

$-\dfrac{\pi}{6}\le x-\dfrac{\pi}{3}\le\dfrac{7}{6}\pi$ $\therefore \dfrac{\pi}{6}\le x\le\dfrac{3}{2}\pi$

따라서 $a=\dfrac{1}{6}$, $b=\dfrac{3}{2}$이므로

$100ab=100\times\dfrac{1}{6}\times\dfrac{3}{2}=25$

140 답 ④

삼각형 ABC에서 사인법칙에 의하여

$\dfrac{\overline{AC}}{\sin(\angle ABC)}=2\times4$, $\dfrac{5}{\sin\theta}=8$ $\therefore \sin\theta=\dfrac{5}{8}$

141 답 ③

삼각형 ABC에서 $\angle ACB=180\degree-(60\degree+75\degree)=45\degree$이므로
사인법칙에 의하여

$\dfrac{\overline{AB}}{\sin45\degree}=\dfrac{3}{\sin60\degree}$

$\therefore \overline{AB}=\dfrac{3}{\sin60\degree}\times\sin45\degree=\dfrac{3}{\frac{\sqrt{3}}{2}}\times\dfrac{\sqrt{2}}{2}=\sqrt{6}$

다른 풀이

점 B에서 $\overline{AC}$에 내린 수선의 발을 H라 하면
$\angle ABH=30\degree$이므로 $\angle HBC=\angle BCH=45\degree$

$\therefore \overline{BH}=3\cos45\degree=3\times\dfrac{\sqrt{2}}{2}=\dfrac{3\sqrt{2}}{2}$

이때 $\overline{BH}=\overline{AB}\cos30\degree$이므로

$\overline{AB}=\dfrac{\overline{BH}}{\cos30\degree}=\dfrac{3\sqrt{2}}{2}\times\dfrac{2}{\sqrt{3}}=\sqrt{6}$

142 답 ③

$$\cos A=\cos\{\pi-(B+C)\}$$
$$=-\cos(B+C)=-\dfrac{\sqrt{5}}{5}$$

이때 $0<A<\pi$이므로

$\sin A=\sqrt{1-\cos^2 A}=\sqrt{1-\left(-\dfrac{\sqrt{5}}{5}\right)^2}=\dfrac{2\sqrt{5}}{5}$

삼각형 ABC의 외접원의 반지름의 길이를 R라 하면
사인법칙에 의하여

$\dfrac{\overline{BC}}{\sin A}=2R$, $\dfrac{4\sqrt{5}}{\frac{2\sqrt{5}}{5}}=2R$, $2R=10$ $\therefore R=5$

143 답 4

$\angle A : \angle B : \angle C = 2 : 3 : 7$이므로
$\angle A = 2\theta$, $\angle B = 3\theta$, $\angle C = 7\theta$ $(\theta > 0)$이라 하면
$2\theta + 3\theta + 7\theta = 180°$
$12\theta = 180°$ $\therefore \theta = 15°$
$\therefore \angle A = 30°$, $\angle B = 45°$, $\angle C = 105°$
삼각형 ABC의 외접원의 반지름의 길이가 2이므로
사인법칙에 의하여
$\dfrac{\overline{BC}}{\sin A} = \dfrac{\overline{AC}}{\sin B} = 2 \times 2$에서
$\overline{BC} = 4 \sin A = 4 \sin 30° = 4 \times \dfrac{1}{2} = 2$
$\overline{AC} = 4 \sin B = 4 \sin 45° = 4 \times \dfrac{\sqrt{2}}{2} = 2\sqrt{2}$
$\therefore \overline{AC} + \overline{BC} = 2\sqrt{2} + 2$
따라서 $p = 2$, $q = 2$이므로
$p + q = 2 + 2 = 4$

144 답 ②

삼각형 ABC에서 사인법칙에 의하여
$\dfrac{\overline{AB}}{\sin C} = \dfrac{8}{\sin \frac{\pi}{6}} = 2R$
$\therefore R = \dfrac{8}{2 \sin \frac{\pi}{6}} = \dfrac{8}{2 \times \frac{1}{2}} = 8$
또한, $\sin A : \sin C = 5 : 4$이므로
$4 \sin A = 5 \sin C$
$\therefore \sin A = \dfrac{5}{4} \sin \dfrac{\pi}{6} = \dfrac{5}{4} \times \dfrac{1}{2} = \dfrac{5}{8}$
이때 사인법칙에 의하여
$\dfrac{\overline{BC}}{\sin A} = 2R$에서
$\overline{BC} = 2R \sin A = 2 \times 8 \times \dfrac{5}{8} = 10$
$\therefore k = \overline{BC} = 10$
$\therefore R + k = 8 + 10 = 18$

145 답 ④

삼각형 ABC에서 둘레의 길이가 12이므로
$\overline{AB} + \overline{BC} + \overline{AC} = 12$
삼각형 ABC의 외접원의 반지름의 길이를 R라 하면
사인법칙에 의하여
$\dfrac{\overline{BC}}{\sin A} = \dfrac{\overline{AC}}{\sin B} = \dfrac{\overline{AB}}{\sin C} = 2R$이므로
$\sin A = \dfrac{\overline{BC}}{2R}$, $\sin B = \dfrac{\overline{AC}}{2R}$, $\sin C = \dfrac{\overline{AB}}{2R}$

$\sin A + \sin B + \sin C = 2$에서
$\sin A + \sin B + \sin C = \dfrac{\overline{BC}}{2R} + \dfrac{\overline{AC}}{2R} + \dfrac{\overline{AB}}{2R}$
$= \dfrac{\overline{AB} + \overline{BC} + \overline{AC}}{2R}$
$= \dfrac{12}{2R} = 2$
$\therefore R = 3$
한편, 삼각형 ABC에서 $\angle A + \angle B + \angle C = \pi$이므로
$\sin (A + B) = \sin (\pi - C) = \sin C$
$\overline{AB} = 4$이므로
$\sin C = \dfrac{\overline{AB}}{2R} = \dfrac{4}{2 \times 3} = \dfrac{2}{3}$
$\therefore \sin C \times \sin (A + B) = \sin^2 C = \left(\dfrac{2}{3} \right)^2 = \dfrac{4}{9}$

146 답 ②

삼각형 ABC의 외접원의 반지름의 길이를 R라 하면
사인법칙에 의하여
$\sin A = \dfrac{\overline{BC}}{2R}$, $\sin B = \dfrac{\overline{AC}}{2R}$, $\sin C = \dfrac{\overline{AB}}{2R}$
$\overline{BC} \tan C = \overline{AB} \tan A$에서
$\overline{BC} \times \dfrac{\sin C}{\cos C} = \overline{AB} \times \dfrac{\sin A}{\cos A}$
$\overline{BC} \times \dfrac{\overline{AB}}{2R} \times \dfrac{1}{\cos C} = \overline{AB} \times \dfrac{\overline{BC}}{2R} \times \dfrac{1}{\cos A}$
$\cos A = \cos C$
$\therefore \angle A = \angle C$ $(\because 0 < \angle A < \pi, 0 < \angle C < \pi)$
즉, $\sin A = \sin C$이므로
$\sin^2 B - \sin^2 A = \sin^2 C$에서
$\sin^2 B - \sin^2 A = \sin^2 A$
$\therefore \sin B = \sqrt{2} \sin A$ $(\because 0 < \angle A < \pi, 0 < \angle B < \pi)$
$\therefore \dfrac{\sin A + 2 \sin B + 3 \sin C}{\sin A + \sin B + \sin C} = \dfrac{\sin A + 2 \times \sqrt{2} \sin A + 3 \sin A}{\sin A + \sqrt{2} \sin A + \sin A}$
$= \dfrac{(4 + 2\sqrt{2}) \sin A}{(2 + \sqrt{2}) \sin A} = 2$
$(\because \sin A > 0)$

147 답 ②

$\overline{AB} = 3k$, $\overline{AC} = k$ $(k > 0)$이라 하면
코사인법칙에 의하여
$\overline{BC}^2 = (3k)^2 + k^2 - 2 \times 3k \times k \times \cos \dfrac{\pi}{3}$
$= 9k^2 + k^2 - 2 \times 3k \times k \times \dfrac{1}{2} = 7k^2$
$\therefore \overline{BC} = \sqrt{7}k$ $(\because k > 0)$
삼각형 ABC의 외접원의 반지름의 길이가 7이므로
사인법칙에 의하여
$\dfrac{\overline{BC}}{\sin \frac{\pi}{3}} = \dfrac{\sqrt{7}k}{\frac{\sqrt{3}}{2}} = \dfrac{2\sqrt{21}}{3}k = 2 \times 7$
$\therefore \overline{AC} = k = \sqrt{21}$

148 답 34

코사인법칙에 의하여

$$\overline{BC}^2 = \overline{AB}^2 + \overline{AC}^2 - 2 \times \overline{AB} \times \overline{AC} \times \cos A$$
$$= 2^2 + (3\sqrt{2})^2 - 2 \times 2 \times 3\sqrt{2} \times \cos \frac{3}{4}\pi$$
$$= 4 + 18 - 12\sqrt{2} \times \left(-\frac{\sqrt{2}}{2}\right) = 34$$

149 답 ③

$a^2 = b^2 + c^2 - bc$이므로 코사인법칙에 의하여

$$\cos A = \frac{b^2 + c^2 - a^2}{2bc} = \frac{b^2 + c^2 - (b^2 + c^2 - bc)}{2bc}$$
$$= \frac{bc}{2bc} = \frac{1}{2}$$

이때 $0 < \angle A < \pi$이므로 $\angle A = \dfrac{\pi}{3}$

150 답 ②

$\overline{AB} : \overline{BC} : \overline{CA} = \sqrt{5} : 3 : 2$이므로

$\overline{AB} = \sqrt{5}k$, $\overline{BC} = 3k$, $\overline{CA} = 2k \ (k > 0)$이라 하면

코사인법칙에 의하여

$$\cos C = \frac{(3k)^2 + (2k)^2 - (\sqrt{5}k)^2}{2 \times 3k \times 2k} = \frac{2}{3}$$

$\sin C > 0$이므로

$$\sin C = \sqrt{1 - \cos^2 C} = \sqrt{1 - \left(\frac{2}{3}\right)^2} = \frac{\sqrt{5}}{3}$$

$$\therefore \tan C = \frac{\sin C}{\cos C} = \frac{\frac{\sqrt{5}}{3}}{\frac{2}{3}} = \frac{\sqrt{5}}{2}$$

$$\therefore \tan^2 C = \left(\frac{\sqrt{5}}{2}\right)^2 = \frac{5}{4}$$

151 답 ⑤

$\angle ABC = \theta \ (0 < \theta < \pi)$라 하면 사각형 ABCD가 원에 내접하므로

$\angle ADC = \pi - \theta$

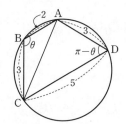

위의 그림과 같이 선분 AC를 그으면 삼각형 ABC에서 코사인법칙에 의하여

$$\overline{AC}^2 = \overline{AB}^2 + \overline{BC}^2 - 2 \times \overline{AB} \times \overline{BC} \times \cos(\angle ABC)$$
$$= 2^2 + 3^2 - 2 \times 2 \times 3 \times \cos \theta$$
$$= 13 - 12 \cos \theta \quad \cdots\cdots \ \bigcirc$$

또한, 삼각형 ACD에서 코사인법칙에 의하여

$$\overline{AC}^2 = \overline{CD}^2 + \overline{AD}^2 - 2 \times \overline{CD} \times \overline{AD} \times \cos(\angle ADC)$$
$$= 5^2 + 3^2 - 2 \times 5 \times 3 \times \cos(\pi - \theta)$$
$$= 34 + 30 \cos \theta \quad \cdots\cdots \ \bigcirc$$

$\bigcirc$, $\bigcirc$에서

$13 - 12 \cos \theta = 34 + 30 \cos \theta$

$42 \cos \theta = -21$

$$\therefore \cos \theta = -\frac{1}{2}$$

이것을 $\bigcirc$에 대입하면

$$\overline{AC}^2 = 13 - 12 \cos \theta = 13 - 12 \times \left(-\frac{1}{2}\right) = 19$$

$$\therefore \overline{AC} = \sqrt{19} \ (\because \overline{AC} > 0)$$

한편, $0 < \theta < \pi$에서 $\sin \theta > 0$이므로

$$\sin \theta = \sqrt{1 - \cos^2 \theta} = \sqrt{1 - \left(-\frac{1}{2}\right)^2} = \frac{\sqrt{3}}{2}$$

이때 삼각형 ABC의 외접원의 반지름의 길이를 R라 하면 사인법칙에 의하여

$$\frac{\overline{AC}}{\sin \theta} = 2R$$

$$\therefore R = \frac{\sqrt{19}}{2 \times \frac{\sqrt{3}}{2}} = \frac{\sqrt{19}}{\sqrt{3}}$$

따라서 구하는 원의 넓이는

$$\pi \times \left(\frac{\sqrt{19}}{\sqrt{3}}\right)^2 = \frac{19}{3}\pi$$

152 답 5

삼각형 ABC에서 $\overline{BC} = a$, $\overline{AC} = b$, $\overline{AB} = c$라 하자.

$$\frac{\sin A + \sin B - \sin C}{\sin C} = 2 \cos A$$

에서

$\sin A + \sin B - \sin C = 2 \sin C \cos A \quad \cdots\cdots \ \bigcirc$

삼각형 ABC의 외접원의 반지름의 길이를 R라 하면 사인법칙에 의하여

$$\sin A = \frac{a}{2R}, \ \sin B = \frac{b}{2R}, \ \sin C = \frac{c}{2R} \quad \cdots\cdots \ \bigcirc$$

코사인법칙에 의하여

$$\cos A = \frac{b^2 + c^2 - a^2}{2bc} \quad \cdots\cdots \ \bigcirc$$

$\bigcirc$, $\bigcirc$을 $\bigcirc$에 대입하면

$$\frac{a}{2R} + \frac{b}{2R} - \frac{c}{2R} = 2 \times \frac{c}{2R} \times \frac{b^2 + c^2 - a^2}{2bc}$$

$$a + b - c = \frac{b^2 + c^2 - a^2}{b}$$

$$ab + b^2 - bc = b^2 + c^2 - a^2$$

$$b(a - c) + (a^2 - c^2) = 0$$

$$(a - c)(b + a + c) = 0$$

이때 $a + b + c > 0$이므로 $a = c$

따라서 삼각형 ABC는 $\overline{AB} = \overline{BC}$인 이등변삼각형이므로

$$\overline{BC} = \overline{AB} = 5$$

153 답 ①

$\overline{AH_1} : \overline{BH_2} : \overline{CH_3} = 2\sqrt{7} : 3\sqrt{7} : 6$이므로

$\overline{AH_1} = 2\sqrt{7}k$, $\overline{BH_2} = 3\sqrt{7}k$, $\overline{CH_3} = 6k$ $(k>0)$이라 하면

삼각형 ABC의 넓이에서

$\frac{1}{2} \times \overline{BC} \times 2\sqrt{7}k = \frac{1}{2} \times \overline{AC} \times 3\sqrt{7}k = \frac{1}{2} \times \overline{AB} \times 6k$이므로

$2\sqrt{7}\,\overline{BC} = 3\sqrt{7}\,\overline{AC} = 6\overline{AB}$이고

각 변을 $6\sqrt{7}$로 나누면

$\frac{\overline{BC}}{3} = \frac{\overline{AC}}{2} = \frac{\overline{AB}}{\sqrt{7}}$

$\therefore \overline{BC} : \overline{AC} : \overline{AB} = 3 : 2 : \sqrt{7}$

이때 $\overline{BC} = 3s$, $\overline{AC} = 2s$, $\overline{AB} = \sqrt{7}s$ $(s>0)$이라 하면

삼각형 ABC의 가장 긴 변은 변 BC이므로

삼각형 ABC의 세 내각 중 가장 큰 각은 $\angle A$이다.

따라서 코사인법칙에 의하여

$\cos \theta = \cos A = \frac{(\sqrt{7}s)^2 + (2s)^2 - (3s)^2}{2 \times \sqrt{7}s \times 2s} = \frac{\sqrt{7}}{14}$

154 답 ④

부채꼴 OAB의 반지름의 길이를 r라 하면

$\overline{OP} = \frac{3}{4}r$, $\overline{OQ} = \frac{1}{3}r$

삼각형 OPQ의 넓이가 $4\sqrt{3}$이므로

$\frac{1}{2} \times \overline{OP} \times \overline{OQ} \times \sin\frac{\pi}{3} = \frac{1}{2} \times \frac{3}{4}r \times \frac{1}{3}r \times \frac{\sqrt{3}}{2}$

$\qquad\qquad\qquad\qquad = \frac{\sqrt{3}}{16}r^2 = 4\sqrt{3}$

즉, $r^2 = 64$에서 $r = 8$ $(\because r>0)$

$\therefore \overparen{AB} = 8 \times \frac{\pi}{3} = \frac{8}{3}\pi$

155 답 32

사각형 ABCD가 원에 내접하므로

$\angle DAB + \angle DCB = \pi$

$\therefore \angle DAB = \pi - \frac{2}{3}\pi = \frac{\pi}{3}$

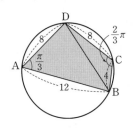

위의 그림과 같이 선분 BD를 그으면 삼각형 ABD의 넓이는

$\frac{1}{2} \times 8 \times 12 \times \sin\frac{\pi}{3} = \frac{1}{2} \times 8 \times 12 \times \frac{\sqrt{3}}{2}$

$\qquad\qquad\qquad\qquad = 24\sqrt{3}$

삼각형 BCD의 넓이는

$\frac{1}{2} \times 4 \times 8 \times \sin\frac{2}{3}\pi = \frac{1}{2} \times 4 \times 8 \times \frac{\sqrt{3}}{2} = 8\sqrt{3}$

따라서 사각형 ABCD의 넓이는

(삼각형 ABD의 넓이) + (삼각형 BCD의 넓이)

$= 24\sqrt{3} + 8\sqrt{3} = 32\sqrt{3}$

이므로 자연수 k의 값은 32이다.

156 답 ④

삼각형 ABC에서 $\overline{BC} = a$, $\overline{AC} = b$, $\overline{AB} = c$라 하면 사인법칙에 의하여

$\sin A = \frac{a}{2R}$, $\sin B = \frac{b}{2R}$, $\sin C = \frac{c}{2R}$

$\sin A : \sin B : \sin C = 2 : 4 : 3$이므로

$\frac{a}{2R} : \frac{b}{2R} : \frac{c}{2R} = 2 : 4 : 3$에서

$a = 2k$, $b = 4k$, $c = 3k$ $(k>0)$이라 할 수 있다.

코사인법칙에 의하여

$\cos B = \frac{(2k)^2 + (3k)^2 - (4k)^2}{2 \times 2k \times 3k} = \frac{-3k^2}{12k^2} = -\frac{1}{4}$

이때 $\sin B > 0$이므로

$\sin B = \sqrt{1 - \cos^2 B} = \sqrt{1 - \left(-\frac{1}{4}\right)^2} = \frac{\sqrt{15}}{4}$

또한, 삼각형 ABC의 넓이가 $9\sqrt{15}$이므로

$\frac{1}{2} \times ac \sin B = \frac{1}{2} \times 2k \times 3k \times \frac{\sqrt{15}}{4} = 9\sqrt{15}$에서

$k^2 = 12$이므로 $k = 2\sqrt{3}$ $(\because k>0)$

따라서 $\overline{AB} = c = 6\sqrt{3}$, $\overline{BC} = a = 4\sqrt{3}$, $\overline{AC} = b = 8\sqrt{3}$이므로

삼각형 ABC의 둘레의 길이는

$\overline{AB} + \overline{BC} + \overline{AC} = 6\sqrt{3} + 4\sqrt{3} + 8\sqrt{3} = 18\sqrt{3}$

157 답 ④

삼각형 ABC의 외접원의 반지름의 길이를 R라 하면

외접원의 넓이가 12π이므로

$\pi \times R^2 = 12\pi$에서 $R^2 = 12$ $\qquad \therefore R = 2\sqrt{3}$ $(\because R>0)$

삼각형 ABC에서 사인법칙에 의하여

$\frac{\overline{BC}}{\sin A} = 2R$, $\frac{\overline{BC}}{\sin\frac{\pi}{3}} = 4\sqrt{3}$

$\therefore \overline{BC} = 4\sqrt{3}\sin\frac{\pi}{3} = 4\sqrt{3} \times \frac{\sqrt{3}}{2} = 6$

또한, $\overline{AC} = x$ $(x>0)$이라 하면 코사인법칙에 의하여

$6^2 = (2\sqrt{6})^2 + x^2 - 2 \times 2\sqrt{6} \times x \times \cos\frac{\pi}{3}$

$36 = 24 + x^2 - 2 \times 2\sqrt{6} \times x \times \frac{1}{2}$

$x^2 - 2\sqrt{6}x - 12 = 0$

$\therefore x = \sqrt{6} + 3\sqrt{2}$ $(\because x>0)$

따라서 삼각형 ABC의 넓이는

$\frac{1}{2} \times \overline{AB} \times \overline{AC} \times \sin A = \frac{1}{2} \times 2\sqrt{6} \times (\sqrt{6} + 3\sqrt{2}) \times \sin\frac{\pi}{3}$

$\qquad\qquad = \frac{1}{2} \times 2\sqrt{6} \times (\sqrt{6} + 3\sqrt{2}) \times \frac{\sqrt{3}}{2}$

$\qquad\qquad = 9 + 3\sqrt{3}$

158 답 12

삼각형 ABC에서 각의 이등분선의 성질에 의하여

$$\overline{AD}=7\times\frac{8}{8+5}=\frac{56}{13}$$

삼각형 ABC에서 코사인법칙에 의하여

$$\cos(\angle ACB)=\frac{\overline{AC}^2+\overline{BC}^2-\overline{AB}^2}{2\times\overline{AC}\times\overline{BC}}$$
$$=\frac{8^2+5^2-7^2}{2\times8\times5}=\frac{1}{2}$$

$0<\angle ACB<\pi$이므로 $\angle ACB=\dfrac{\pi}{3}$

$$\therefore \angle ACD=\angle DCB=\frac{1}{2}\times\angle ACB=\frac{\pi}{6}$$

삼각형 ABC의 넓이는

$$\frac{1}{2}\times\overline{AC}\times\overline{BC}\times\sin(\angle ACB)=\frac{1}{2}\times8\times5\times\sin\frac{\pi}{3}=10\sqrt{3}$$

한편, 삼각형 ABC의 넓이는 두 삼각형 ADC, DBC의 넓이의 합이므로

(삼각형 ABC의 넓이)

=(삼각형 ADC의 넓이)+(삼각형 DBC의 넓이)

$$=\frac{1}{2}\times8\times\overline{CD}\times\sin\frac{\pi}{6}+\frac{1}{2}\times5\times\overline{CD}\times\sin\frac{\pi}{6}$$

$$=\frac{13}{4}\times\overline{CD}=10\sqrt{3}$$

에서 $\overline{CD}=\dfrac{40\sqrt{3}}{13}$

따라서 $\dfrac{\overline{CD}}{\overline{AD}}=\dfrac{40\sqrt{3}}{13}\times\dfrac{13}{56}=\dfrac{5\sqrt{3}}{7}$이므로

$p=7$, $q=5$

$$\therefore p+q=7+5=12$$

등급 업 도전하기   본문 55~60쪽

159 답 32

$\overline{OP}\perp\overline{PA}$, $\overline{OQ}\perp\overline{QA}$이고 두 직각삼각형 OPA, OQA는 서로 합동이다.

즉, 직각삼각형 OPA의 넓이에서

$$\frac{1}{2}\times16\sqrt{3}=\frac{1}{2}\times4\times\overline{PA}$$

이므로 $\overline{PA}=4\sqrt{3}$이고

피타고라스 정리에 의하여

$$\overline{OA}=\sqrt{4^2+(4\sqrt{3})^2}=\sqrt{64}=8$$

$\angle OAP=\theta\left(0<\theta<\dfrac{\pi}{2}\right)$라 하면

$$\sin\theta=\frac{\overline{OP}}{\overline{OA}}=\frac{4}{8}=\frac{1}{2}\qquad\therefore \theta=\frac{\pi}{6}$$

즉, $\angle AOP=\dfrac{\pi}{2}-\dfrac{\pi}{6}=\dfrac{\pi}{3}$이므로

$$\angle POQ=2\times\angle AOP=2\times\frac{\pi}{3}=\frac{2}{3}\pi$$

$$\therefore \text{(부채꼴 POQ의 넓이)}=\frac{1}{2}\times4^2\times\frac{2}{3}\pi=\frac{16}{3}\pi$$

호 PQ와 두 선분 AP, AQ로 둘러싸인 도형의 넓이는 사각형 POQA의 넓이에서 부채꼴 POQ의 넓이를 뺀 것과 같으므로

$$16\sqrt{3}-\frac{16}{3}\pi$$

따라서 $p=16$, $q=-\dfrac{16}{3}$이므로

$$p-3q=16-3\times\left(-\frac{16}{3}\right)=32$$

160 답 7

$x-\dfrac{\pi}{3}=t$라 하면 $x=\dfrac{\pi}{3}+t$

$x+y=\dfrac{5}{4}\pi$이므로 $\left(\dfrac{\pi}{3}+t\right)+y=\dfrac{5}{4}\pi$에서

$$y=\frac{5}{4}\pi-\frac{\pi}{3}-t=\frac{11}{12}\pi-t$$

$$\therefore \cos\left(x-\frac{\pi}{3}\right)+2\sin\left(y+\frac{7}{12}\pi\right)+6$$

$$=\cos t+2\sin\left\{\left(\frac{11}{12}\pi-t\right)+\frac{7}{12}\pi\right\}+6$$

$$=\cos t+2\sin\left(\frac{3}{2}\pi-t\right)+6$$

$$=\cos t-2\cos t+6$$

$$=-\cos t+6$$

이때 모든 실수 t에 대하여

$-1\le-\cos t\le1$이므로

$-1+6\le-\cos t+6\le1+6$

$$\therefore 5\le-\cos t+6\le7$$

따라서 구하는 최댓값은 7이다.

161 답 ③

$$\sin^4\theta+\cos^4\theta=(\sin^2\theta+\cos^2\theta)^2-2\sin^2\theta\cos^2\theta$$
$$=1-2\sin^2\theta\cos^2\theta=\frac{31}{49}$$

이므로

$$2\sin^2\theta\cos^2\theta=\frac{18}{49}$$

$$\therefore \sin^2\theta\cos^2\theta=\frac{9}{49}$$

이때 $\dfrac{3}{2}\pi<\theta<2\pi$이므로 $\sin\theta<0$, $\cos\theta>0$

$$\therefore \sin\theta\cos\theta=-\sqrt{\frac{9}{49}}=-\frac{3}{7}$$

따라서

$$(\cos\theta-\sin\theta)^2=\cos^2\theta-2\sin\theta\cos\theta+\sin^2\theta$$
$$=1-2\sin\theta\cos\theta$$
$$=1-2\times\left(-\frac{3}{7}\right)=\frac{13}{7}$$

이므로

$$\cos\theta-\sin\theta=\sqrt{\frac{13}{7}}=\frac{\sqrt{91}}{7}\ (\because \sin\theta<0,\ \cos\theta>0)$$

162 답 75

방정식 $\sin^2 \dfrac{1}{2}x - k = 0$ ...... ㉠

의 좌변을 인수분해하면 $\left(\sin \dfrac{1}{2}x + \sqrt{k}\right)\left(\sin \dfrac{1}{2}x - \sqrt{k}\right) = 0$

$\therefore \sin \dfrac{1}{2}x = -\sqrt{k}$ 또는 $\sin \dfrac{1}{2}x = \sqrt{k}$

즉, 방정식 ㉠의 근은 함수 $y = \sin \dfrac{1}{2}x$의 그래프와 두 직선

$y = \sqrt{k}$, $y = -\sqrt{k}$의 교점의 x좌표와 같다.

이때 함수 $y = \sin \dfrac{1}{2}x$의 주기는 $\dfrac{2\pi}{\left|\dfrac{1}{2}\right|} = 4\pi$이므로 $0 \le x < 4\pi$에서

그 그래프는 다음 그림과 같다.

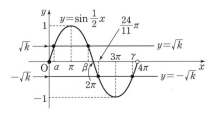

방정식 ㉠의 한 근이 $x = \dfrac{24}{11}\pi$이므로

나머지 세 근을 α, β, γ $\left(\alpha < \beta < \dfrac{24}{11}\pi < \gamma\right)$라 하면

그래프의 대칭성에 의하여

$\dfrac{\alpha+\beta}{2} = \pi$ $\therefore \alpha+\beta = 2\pi$

$\dfrac{\dfrac{24}{11}\pi + \gamma}{2} = 3\pi$

$\therefore \gamma = 6\pi - \dfrac{24}{11}\pi = \dfrac{42}{11}\pi$

따라서 방정식 ㉠의 나머지 모든 근의 합은

$\alpha+\beta+\gamma = 2\pi + \dfrac{42}{11}\pi = \dfrac{64}{11}\pi$

이므로 $p = 11$, $q = 64$

$\therefore p+q = 11+64 = 75$

163 답 ③

x에 대한 이차방정식 $x^2 - 2(\cos\theta)x + \dfrac{3}{2}\sin\theta = 0$이 실근을 가지

려면 이 이차방정식의 판별식을 D라 할 때

$\dfrac{D}{4} = \cos^2\theta - \dfrac{3}{2}\sin\theta \ge 0$

$(1 - \sin^2\theta) - \dfrac{3}{2}\sin\theta \ge 0$

$\sin^2\theta + \dfrac{3}{2}\sin\theta - 1 \le 0$

$2\sin^2\theta + 3\sin\theta - 2 \le 0$

$(2\sin\theta - 1)(\sin\theta + 2) \le 0$

그런데 $0 \le \theta \le \pi$에서 $0 \le \sin\theta \le 1$이므로

$\sin\theta + 2 > 0$

따라서 $2\sin\theta - 1 \le 0$이므로

$\sin\theta \le \dfrac{1}{2}$ ...... ㉠

$0 \le \theta \le \pi$에서 함수 $y = \sin\theta$의 그래프와 직선 $y = \dfrac{1}{2}$은 다음 그림과 같다.

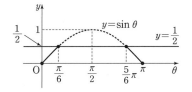

방정식 $\sin\theta = \dfrac{1}{2}$의 해가 $\theta = \dfrac{\pi}{6}$ 또는 $\theta = \dfrac{5}{6}\pi$이므로 부등식 ㉠의 해는

$0 \le \theta \le \dfrac{\pi}{6}$ 또는 $\dfrac{5}{6}\pi \le \theta \le \pi$

따라서 $\alpha = \dfrac{\pi}{6}$, $\beta = \dfrac{5}{6}\pi$이므로

$\cos(\beta - \alpha) = \cos \dfrac{2}{3}\pi = -\dfrac{1}{2}$

164 답 ③

다음 그림과 같이 $\angle ADB = \theta$라 하고 두 대각선 AC와 BD의 교점을 E라 하자.

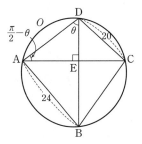

직각삼각형 DAE에서

$\angle DAE = \dfrac{\pi}{2} - \theta$

이때 두 삼각형 DAB, DAC의 외접원이 원 O로 같으므로 외접원의 반지름의 길이를 R라 하면 사인법칙에 의하여

$\dfrac{\overline{AB}}{\sin\theta} = \dfrac{\overline{CD}}{\sin\left(\dfrac{\pi}{2} - \theta\right)} = 2R$에서

$\dfrac{24}{\sin\theta} = \dfrac{20}{\cos\theta} = 2R$

$\therefore \sin\theta = \dfrac{12}{R}$, $\cos\theta = \dfrac{10}{R}$

이때 $\sin^2\theta + \cos^2\theta = 1$이므로

$\left(\dfrac{12}{R}\right)^2 + \left(\dfrac{10}{R}\right)^2 = 1$, $\dfrac{144}{R^2} + \dfrac{100}{R^2} = 1$

$R^2 = 244$ $\therefore R = 2\sqrt{61}$ $(\because R > 0)$

165 답 ④

삼각형 ADC에서 사인법칙에 의하여

$\dfrac{\overline{CD}}{\sin\dfrac{\pi}{3}} = 2$ $\therefore \overline{CD} = 2 \times \dfrac{\sqrt{3}}{2} = \boxed{\sqrt{3}}$

또한, $\overline{\text{AC}}:\overline{\text{AD}}=5:4$이므로 양수 k에 대하여

$\overline{\text{AC}}=5k$, $\overline{\text{AD}}=4k$라 하면 삼각형 ADC에서 코사인법칙에 의하여

$\overline{\text{CD}}^2=\overline{\text{AC}}^2+\overline{\text{AD}}^2-2\times\overline{\text{AC}}\times\overline{\text{AD}}\times\cos A$

$(\sqrt{3})^2=(5k^2)+(4k)^2-2\times5k\times4k\times\cos\dfrac{\pi}{3}$

$3=21k^2$ $\therefore k^2=\boxed{\dfrac{1}{7}}$

$\therefore \overline{\text{AC}}^2=25k^2=25\times\dfrac{1}{7}=\dfrac{25}{7}$, $\overline{\text{AD}}^2=16k^2=16\times\dfrac{1}{7}=\dfrac{16}{7}$

이때 두 삼각형 ABC, ADB가 직각삼각형이므로

$\overline{\text{BC}}^2+\overline{\text{BD}}^2=(\overline{\text{AB}}^2-\overline{\text{AC}}^2)+(\overline{\text{AB}}^2-\overline{\text{AD}}^2)$

$=\left(2^2-\dfrac{25}{7}\right)+\left(2^2-\dfrac{16}{7}\right)$

$=\dfrac{3}{7}+\dfrac{12}{7}=\boxed{\dfrac{15}{7}}$

따라서 $p=\sqrt{3}$, $q=\dfrac{1}{7}$, $r=\dfrac{15}{7}$이므로

$\dfrac{r}{p\times q}=\dfrac{\dfrac{15}{7}}{\sqrt{3}\times\dfrac{1}{7}}=5\sqrt{3}$

166 답 ④

다음 그림과 같이 $\angle\text{BAC}=\theta$라 하자.

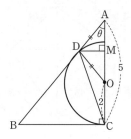

$\overline{\text{OC}}=2$이므로

$\overline{\text{OD}}=\overline{\text{DA}}=2$,

$\overline{\text{AO}}=\overline{\text{AC}}-\overline{\text{OC}}=5-2=3$

이등변삼각형 ADO에서 선분 AO의 중점을 M이라 하면

$\overline{\text{AM}}=\dfrac{3}{2}$, $\angle\text{AMD}=\dfrac{\pi}{2}$

$\therefore \cos\theta=\dfrac{\overline{\text{AM}}}{\overline{\text{AD}}}=\dfrac{\dfrac{3}{2}}{2}=\dfrac{3}{4}$

삼각형 ADC에서 코사인법칙에 의하여

$\overline{\text{DC}}^2=\overline{\text{AD}}^2+\overline{\text{AC}}^2-2\times\overline{\text{AD}}\times\overline{\text{AC}}\times\cos\theta$

$=2^2+5^2-2\times2\times5\times\dfrac{3}{4}=14$

$\therefore \overline{\text{DC}}=\sqrt{14}$

이때 $\angle\text{DBC}=\dfrac{\pi}{2}-\theta$이므로 삼각형 BCD의 외접원의 반지름의 길이를 R라 하면

사인법칙에 의하여

$\dfrac{\overline{\text{DC}}}{\sin\left(\dfrac{\pi}{2}-\theta\right)}=\dfrac{\overline{\text{DC}}}{\cos\theta}=\dfrac{\sqrt{14}}{\dfrac{3}{4}}=2R$

$\therefore R=\dfrac{2\sqrt{14}}{3}$

167 답 ⑤

점 P가 선분 AB를 $4:1$로 외분하므로 세 점 A, B, P는 한 직선 위에 있다.

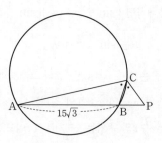

$\overline{\text{AB}}=15\sqrt{3}$이고 삼각형 ABC의 외접원의 반지름의 길이가 15이므로 사인법칙에 의하여

$\dfrac{15\sqrt{3}}{\sin(\angle\text{ACB})}=2\times15$, $\sin(\angle\text{ACB})=\dfrac{\sqrt{3}}{2}$

$\therefore \angle\text{ACB}=\dfrac{\pi}{3}$ 또는 $\angle\text{ACB}=\dfrac{2}{3}\pi$

이때 $\angle\text{ACB}=\dfrac{2}{3}\pi$이면 $\angle\text{ACB}=\angle\text{PCB}=\dfrac{2}{3}\pi$이므로

$\angle\text{PCA}=\dfrac{4}{3}\pi$가 되어 삼각형이 결정되지 않는다.

$\therefore \angle\text{ACB}=\dfrac{\pi}{3}$

또한, 점 P가 선분 AB를 $4:1$로 외분하는 점이므로

$\overline{\text{AP}}=\dfrac{4}{3}\times\overline{\text{AB}}=\dfrac{4}{3}\times15\sqrt{3}=20\sqrt{3}$

$\overline{\text{BP}}=\dfrac{1}{3}\times\overline{\text{AB}}=\dfrac{1}{3}\times15\sqrt{3}=5\sqrt{3}$

삼각형 APC에서 각의 이등분선의 정리에 의하여

$\overline{\text{CA}}:\overline{\text{CP}}=\overline{\text{AB}}:\overline{\text{PB}}$이고

$\overline{\text{AB}}:\overline{\text{PB}}=3:1$이므로

$\overline{\text{CA}}:\overline{\text{CP}}=3:1$

$\overline{\text{PC}}=k\ (k>0)$라 하면 $\overline{\text{CA}}=3k$이고, $\angle\text{ACB}=\dfrac{\pi}{3}$에서

$\angle\text{ACP}=2\times\dfrac{\pi}{3}=\dfrac{2}{3}\pi$이므로 삼각형 APC에서 코사인법칙에 의하여

$(20\sqrt{3})^2=k^2+(3k)^2-2\times k\times3k\times\cos\dfrac{2}{3}\pi$

$1200=10k^2+3k^2$, $13k^2=1200$

$\therefore k=\dfrac{20\sqrt{39}}{13}$

168 답 6

다음 그림과 같이 $\angle\text{ACB}=\theta$라 하자.

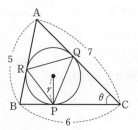

삼각형 ABC에서 코사인법칙에 의하여

$\cos\theta=\dfrac{6^2+7^2-5^2}{2\times6\times7}=\dfrac{5}{7}$이고 $0<\theta<\pi$이므로

$\sin\theta=\sqrt{1-\cos^2\theta}$

$\qquad=\sqrt{1-\left(\dfrac{5}{7}\right)^2}=\dfrac{2\sqrt{6}}{7}$

또한, 삼각형 ABC에 내접하는 원의 반지름의 길이를 r라 하면 삼각형 ABC의 넓이에서

$\dfrac{1}{2}\times6\times7\times\sin\theta=\dfrac{1}{2}\times r\times(5+6+7)$

$21\times\dfrac{2\sqrt{6}}{7}=9r$ $\qquad\therefore r=\dfrac{2\sqrt{6}}{3}$

한편, $\overline{CP}=\overline{CQ}=l$이라 하면

$\overline{AR}=\overline{AQ}=7-l$

$\overline{BR}=\overline{BP}=6-l$

$\overline{AB}=\overline{AR}+\overline{BR}$에서

$5=(7-l)+(6-l)$

$\therefore l=4$

이때 삼각형 CQP에서 코사인법칙에 의하여

$\overline{PQ}^2=\overline{CQ}^2+\overline{CP}^2-2\times\overline{CQ}\times\overline{CP}\times\cos\theta$

$\qquad=4^2+4^2-2\times4\times4\times\dfrac{5}{7}=\dfrac{64}{7}$

$\therefore \overline{PQ}=\dfrac{8\sqrt{7}}{7}$

따라서 삼각형 PQR에서 사인법칙에 의하여

$\dfrac{\overline{PQ}}{\sin(\angle QRP)}=2r$이므로

$\sin(\angle QRP)=\dfrac{\overline{PQ}}{2r}=\dfrac{\dfrac{8\sqrt{7}}{7}}{\dfrac{4\sqrt{6}}{3}}=\dfrac{\sqrt{42}}{7}$

즉, $k=\dfrac{\sqrt{42}}{7}$이므로

$7k^2=7\times\left(\dfrac{\sqrt{42}}{7}\right)^2=6$

Ⅲ 수열

기출문제로 개념 확인하기　　　본문 63쪽

169 답 ⑤

등차수열 $\{a_n\}$의 첫째항을 a, 공차를 d라 하면

$a_2=6$에서 $a+d=6$ $\qquad$ …… ㉠

$a_4+a_6=36$에서

$(a+3d)+(a+5d)=36$

$2a+8d=36$ $\qquad\therefore a+4d=18$ $\qquad$ …… ㉡

㉠, ㉡을 연립하여 풀면

$a=2$, $d=4$

$\therefore a_{10}=2+9\times4=38$

170 답 ④

등비수열 $\{a_n\}$의 공비를 r $(r>0)$이라 하면 첫째항이 3이므로

$\dfrac{a_5}{a_3}=4$에서 $\dfrac{3r^4}{3r^2}=4$

$r^2=4$ $\qquad\therefore r=2$ $(\because r>0)$

$\therefore a_4=ar^3=3\times2^3=24$

171 답 ⑤

a_2는 a_1과 a_3의 등차중항이므로

$a_2=\dfrac{a_1+a_3}{2}=\dfrac{20}{2}=10$

다른 풀이

등차수열 $\{a_n\}$의 첫째항을 a, 공차를 d라 하면

$a_1+a_3=20$에서 $a+(a+2d)=20$

$\therefore a+d=10$

$\therefore a_2=a+d=10$

172 답 ④

$n\geq2$일 때

$a_n=S_n-S_{n-1}$

$\qquad=(2n^2+n)-\{2(n-1)^2+(n-1)\}$

$\qquad=4n-1$

$\therefore a_3+a_4+a_5=(4\times3-1)+(4\times4-1)+(4\times5-1)$

$\qquad\qquad\qquad=11+15+19=45$

다른 풀이

$a_3+a_4+a_5=S_5-S_2$

$\qquad\qquad\quad=(2\times5^2+5)-(2\times2^2+2)$

$\qquad\qquad\quad=55-10=45$

173 답 ②

$\sum\limits_{k=1}^{10}(2a_k+3)=60$에서

$\sum\limits_{k=1}^{10}2a_k+\sum\limits_{k=1}^{10}3=60$

$2\sum\limits_{k=1}^{10}a_k+30=60$

$\therefore \sum\limits_{k=1}^{10}a_k=15$

174 답 ①

$a_1=1$이고,

$a_{n+1}=\begin{cases} 2a_n & (a_n<7) \\ a_n-7 & (a_n\geq 7) \end{cases}$의 n에 1, 2, 3, $\cdots$, 7을 차례로 대입하면

$a_1<7$이므로 $a_2=2a_1=2\times 1=2$

$a_2<7$이므로 $a_3=2a_2=2\times 2=4$

$a_3<7$이므로 $a_4=2a_3=2\times 4=8$

$a_4\geq 7$이므로 $a_5=a_4-7=8-7=1$

$a_5<7$이므로 $a_6=2a_5=2\times 1=2$

$a_6<7$이므로 $a_7=2a_6=2\times 2=4$

$a_7<7$이므로 $a_8=2a_7=2\times 4=8$

$\therefore \sum\limits_{k=1}^{8}a_k=2\times(1+2+4+8)=30$

175 답 ②

$a_na_{n+1}=2n$의 n에 2, 3, 4를 차례로 대입하면

$a_2a_3=4$　$\therefore a_2=4 \ (\because a_3=1)$

$a_3a_4=6$　$\therefore a_4=6 \ (\because a_3=1)$

$a_4a_5=8$　$\therefore a_5=\dfrac{4}{3} \ (\because a_4=6)$

$\therefore a_2+a_5=4+\dfrac{4}{3}=\dfrac{16}{3}$

유형별 문제로 수능 대비하기　　본문 64~80쪽

176 답 ③

등차수열 $\{a_n\}$의 첫째항을 a, 공차를 d라 하면

$a_1=2a_5$에서 $a=2(a+4d)$

$a=2a+8d$　$\therefore a+8d=0$　$\cdots\cdots$ ㉠

$a_8+a_{12}=-6$에서

$(a+7d)+(a+11d)=-6,\ 2a+18d=-6$

$\therefore a+9d=-3$　　$\cdots\cdots$ ㉡

㉠, ㉡을 연립하여 풀면

$a=24,\ d=-3$

$\therefore a_2=24+(-3)=21$

177 답 ②

등차수열 $\{a_n\}$의 첫째항을 a, 공차를 d라 하면

$a_3+a_6=19$에서

$(a+2d)+(a+5d)=19$

$2a+7d=19$　$\cdots\cdots$ ㉠

$a_5-a_2=9$에서

$(a+4d)-(a+d)=9$

$3d=9$　$\therefore d=3$

$d=3$을 ㉠에 대입하면

$2a+7\times 3=19$　$\therefore a=-1$

$\therefore a_7=a+6d=-1+6\times 3=17$

178 답 ④

등차수열 $\{a_n\}$의 첫째항을 a, 공차를 d라 하면

$a_{21}=51$에서 $a+20d=51$　$\cdots\cdots$ ㉠

$2a_{20}-a_{15}=59$에서

$2(a+19d)-(a+14d)=59$

$a+24d=59$　　$\cdots\cdots$ ㉡

㉡-㉠을 하면

$4d=8$　$\therefore d=2$

$d=2$를 ㉠에 대입하면

$a+20\times 2=51$　$\therefore a=11$

$\therefore a_{23}=a+22d=11+22\times 2=55$

다른 풀이

등차수열 $\{a_n\}$의 첫째항을 a, 공차를 d라 하면

$2a_{20}-a_{15}=59$에서

$2(a+19d)-(a+14d)=59$

$a+24d=59$　$\therefore a_{25}=59$

이때 $a_{21}=51$이고 a_{23}은 a_{21}과 a_{25}의 등차중항이므로

$a_{23}=\dfrac{a_{21}+a_{25}}{2}=\dfrac{51+59}{2}=55$

179 답 ④

첫째항이 20인 등차수열 $\{a_n\}$의 공차를 d라 하자.

$|a_4|=-a_8$에서 $|a_4|\geq 0$이므로 $a_8<0$

(i) $a_4<0$이면

　$-a_4=-a_8$　$\therefore d=0$

　즉, $a_8=a_1>0$이므로

　$a_8<0$이라는 조건을 만족시키지 않는다.

(ii) $a_4\geq 0$이면

　$a_4=-a_8$에서 $20+3d=-(20+7d)$

　$20+3d+(20+7d)=0$

　$40+10d=0,\ 10d=-40$　$\therefore d=-4$

(i), (ii)에서 등차수열 $\{a_n\}$의 공차가 -4이므로

$a_2=20+(-4)=16$

180 답 ②

첫째항이 -3인 등차수열 $\{a_n\}$의 공차를 d $(d>0)$이라 하자.

$2|a_2-4|=|a_4+2|$에서

$2(a_2-4)=a_4+2$ 또는 $2(a_2-4)=-(a_4+2)$

(i) $2(a_2-4)=a_4+2$일 때

$2a_2-a_4=10$, $2(-3+d)-(-3+3d)=10$

$\therefore d=-13$

이것은 공차가 양수라는 조건을 만족시키지 않는다.

(ii) $2(a_2-4)=-(a_4+2)$일 때

$2a_2+a_4=6$, $2(-3+d)+(-3+3d)=6$

$5d=15$ $\therefore d=3$

(i), (ii)에서 등차수열 $\{a_n\}$의 공차가 3이므로

$a_{10}=a+9d=-3+9\times3=24$

참고

$2|a_2-4|=|a_4+2|$에서 공차가 양수이므로 $a_2-4<0$이면 $a_4+2\leq0$ 또는 $a_4+2\geq0$이지만 $a_2-4\geq0$이면 $a_4+2\geq0$이다.

즉, $2(a_2-4)=a_4+2$ 또는 $2(a_2-4)=-(a_4+2)$

181 답 ①

$a_8-a_6=(6+7d)-(6+5d)=2d$

$S_8-S_6=a_7+a_8$

$\qquad =(6+6d)+(6+7d)$

$\qquad =12+13d$

$\dfrac{a_8-a_6}{S_8-S_6}=2$에서 $\dfrac{2d}{12+13d}=2$

$2d=2(12+13d)$, $24d=-24$

$\therefore d=-1$

182 답 ②

공차가 4인 등차수열 $\{a_n\}$의 첫째항을 a라 하면

$a_7=a+6d=a+6\times4=a+24$ $\cdots\cdots$ ㉠

또한, 첫째항부터 제7항까지의 합은

$\dfrac{7\{2a+(7-1)\times4\}}{2}=7a+84$ $\cdots\cdots$ ㉡

㉠=㉡이므로

$a+24=7a+84$, $6a=-60$ $\therefore a=-10$

따라서 등차수열 $\{a_n\}$의 첫째항부터 제10항까지의 합은

$\dfrac{10\{2\times(-10)+(10-1)\times4\}}{2}=80$

183 답 ①

$a_1=S_1=40$이고

$S_{10}-S_7=a_8+a_9+a_{10}$이므로

$a_8+a_{10}=a_8+a_9+a_{10}$ $\therefore a_9=0$

$\therefore S_9=\dfrac{9(a_1+a_9)}{2}=\dfrac{9\times(40+0)}{2}=180$

184 답 ③

첫째항이 4인 등차수열 $\{a_n\}$의 공차를 d라 하면

$S_9=\dfrac{9\{2\times4+(9-1)d\}}{2}=36+36d$

$S_5=\dfrac{5\{2\times4+(5-1)d\}}{2}=20+10d$

$S_9=3S_5$에서

$36+36d=3(20+10d)$

$6d=24$ $\therefore d=4$

$\therefore a_{13}=4+12d=4+12\times4=52$

185 답 ①

등차수열 $\{a_n\}$의 첫째항을 a, 공차를 d라 하면

$a_3=a+2d=55$ $\cdots\cdots$ ㉠

$a_6=a+5d=46$ $\cdots\cdots$ ㉡

㉠, ㉡을 연립하여 풀면

$a=61$, $d=-3$

$\therefore a_n=61+(n-1)\times(-3)=-3n+64$

이때 $a_n<0$에서

$-3n+64<0$ $\therefore n>\dfrac{64}{3}=21.\times\times\times$

즉, 수열 $\{a_n\}$은 제22항부터 음수이므로 첫째항부터 제21항까지의 합이 최대이다.

따라서 구하는 자연수 n의 최댓값은 21이다.

플러스 특강

등차수열 $\{a_n\}$의 첫째항을 a, 공차를 d, 첫째항부터 제n항까지의 합을 S_n 이라 할 때

(1) $a_k>0$, $a_{k+1}<0$이면 제$(k+1)$항부터 음수이므로 S_n의 최댓값은 S_k이다.

(2) $a_k<0$, $a_{k+1}>0$이면 제$(k+1)$항부터 양수이므로 S_n의 최솟값은 S_k이다.

186 답 ⑤

등비수열 $\{a_n\}$의 첫째항을 a, 공비를 r라 하면 모든 항이 양수이므로 $a>0$, $r>0$이다.

$\dfrac{a_3a_8}{a_6}=12$에서 $\dfrac{ar^2\times ar^7}{ar^5}=12$

$\therefore ar^4=12$ $(\because a>0,\ r>0)$ $\cdots\cdots$ ㉠

$a_5+a_7=36$에서 $ar^4+ar^6=36$

$ar^4(1+r^2)=36$

$12(1+r^2)=36$ $(\because$ ㉠$)$

$1+r^2=3$ $\therefore r^2=2$

$\therefore a_{11}=ar^{10}=ar^4\times(r^2)^3=12\times2^3=96$

187 답 ⑤

등비수열 $\{a_n\}$의 첫째항을 a, 공비를 r라 하면 모든 항이 양수이므로 $a>0$, $r>0$이다.

$\dfrac{a_4}{a_2}=2$에서

$\dfrac{ar^3}{ar}=2,\ r^2=2$ $\therefore r=\sqrt{2}\ (\because r>0)$

$a_2a_4=16$에서

$ar\times ar^3=16,\ a^2\times(\sqrt{2})^4=16$

$a^2=4$ $\therefore a=2\ (\because a>0)$

$\therefore a_9=ar^8=2\times(\sqrt{2})^8=32$

다른 풀이

$a_9=ar^8=a(r^2)^4=2\times2^4=32$

188   답 ②

등비수열 $\{a_n\}$의 첫째항을 a, 공비를 r라 하면

$a_1-8a_4=0$에서

$a-8ar^3=0,\ a(1-8r^3)=0$

$\therefore a=0$ 또는 $r^3=\dfrac{1}{8}$

이때 $a_3=16$에서 $ar^2=16$이므로

$a\neq0$

즉, $r^3=\dfrac{1}{8}$에서 $r=\dfrac{1}{2}$이므로

$a\times\dfrac{1}{4}=16$ $\therefore a=64$

$\therefore a_2=ar=64\times\dfrac{1}{2}=32$

189   답 128

등비수열 $\{a_n\}$의 첫째항을 a, 공비를 r라 하면 모든 항이 서로 다른 양의 정수이므로 a는 양의 정수이고, r는 1이 아닌 양의 정수이어야 한다.

$8a_6=a_5{}^2$에서

$8ar^5=(ar^4)^2,\ 8ar^5=a^2r^8$

$\therefore ar^3=8$

따라서 $a=1,\ r=2$이므로

$a_8=ar^7=1\times2^7=128$

190   답 ⑤

등비수열 $\{a_n\}$의 첫째항을 a, 공비를 r라 하면 모든 항이 양수이므로 $a>0,\ r>0$이다.

$a_3a_5=4$에서

$ar^2\times ar^4=4$ $\therefore a^2r^6=4$ ······ ㉠

$a_2a_7=12$에서

$ar\times ar^6=12$ $\therefore a^2r^7=12$ ······ ㉡

㉡÷㉠을 하면

$r=3$

㉠에서 $a^2\times3^6=4,\ a^2=\dfrac{4}{3^6}$ $\therefore a=\dfrac{2}{3^3}\ (\because a>0)$

$\therefore a_6=ar^5=\dfrac{2}{3^3}\times3^5=18$

다른 풀이

㉠에서 $ar^3=2\ (\because a>0,\ r>0)$이므로

$a_6=ar^5=ar^3\times r^2=2\times3^2=18$

191   답 ④

$a_5=\dfrac{3}{4}$이므로

등비수열 $\{a_n\}$의 첫째항을 $a\ (a\neq0)$, 공비를 $r\ (r\neq0)$이라 하면

$S_4-S_2=3a_4$에서

$a_3+a_4=3a_4$

$a_3=2a_4$

$ar^2=2ar^3$

$\therefore r=\dfrac{1}{2}\ (\because a\neq0,\ r\neq0)$

$a_5=\dfrac{3}{4}$에서 $ar^4=\dfrac{3}{4}$

$\dfrac{a}{16}=\dfrac{3}{4}$ $\therefore a=12$

$\therefore a_1+a_2=a+ar=12+12\times\dfrac{1}{2}=18$

192   답 ②

첫째항이 3인 등비수열 $\{a_n\}$의 공비를 r라 하면 모든 항이 양수이므로 $r>0$이다.

$a_4a_6=16\times a_3{}^2$에서

$3r^3\times3r^5=16\times(3r^2)^2$

$9r^8=16\times9r^4,\ r^4=16$

$\therefore r=2\ (\because r>0)$

따라서 첫째항부터 제7항까지의 합은

$\dfrac{3(2^7-1)}{2-1}=3\times127=381$

193   답 ④

등비수열 $\{a_n\}$의 첫째항을 a, 공비를 r라 하면

$a_2=4$에서

$ar=4$ ······ ㉠

$a_5=27a_8$에서

$ar^4=27ar^7$

$r^3=\dfrac{1}{27}$ $\therefore r=\dfrac{1}{3}$

$r=\dfrac{1}{3}$을 ㉠에 대입하면

$\dfrac{a}{3}=4$ $\therefore a=12$

즉, 수열 $\{a_n\}$은 첫째항이 12, 공비가 $\frac{1}{3}$인 등비수열이므로

$$a_{10}=12\times\left(\frac{1}{3}\right)^9=4\times\left(\frac{1}{3}\right)^8$$

$$S_{10}=\frac{12\left\{1-\left(\frac{1}{3}\right)^{10}\right\}}{1-\frac{1}{3}}=18\left\{1-\left(\frac{1}{3}\right)^{10}\right\}$$

$$\therefore 2S_{10}+a_{10}=2\times18\left\{1-\left(\frac{1}{3}\right)^{10}\right\}+4\times\left(\frac{1}{3}\right)^8$$

$$=36-4\times\left(\frac{1}{3}\right)^8+4\times\left(\frac{1}{3}\right)^8=36$$

194 답 ③

등비수열 $\{a_n\}$의 첫째항을 a, 공비를 r라 하면 모든 항이 0이 아닌 정수이므로 a, r는 모두 0이 아닌 정수이다.

$2a_6+3S_4=2a_4+3S_5$에서

$2(a_6-a_4)=3(S_5-S_4)$

이때 $S_5-S_4=a_5$이므로

$2(a_6-a_4)=3a_5$에서 $2(ar^5-ar^3)=3ar^4$

$2(r^2-1)=3r$ ($\because a\neq0$, $r\neq0$)

$2r^2-3r-2=0$, $(2r+1)(r-2)=0$

$\therefore r=2$ ($\because r$는 정수)

즉, $S_2=a+2a=3a$에서 $3a=3$이므로

$a=1$

$$\therefore S_5=\frac{1(2^5-1)}{2-1}=31$$

195 답 256

첫째항이 1인 등비수열 $\{a_n\}$의 공비를 r라 하면 모든 항이 서로 다른 양수이므로 r는 1이 아닌 양수이다.

$a_n=1\times r^{n-1}=r^{n-1}$

$$S_n=\frac{1\times(r^n-1)}{r-1}=\frac{r^n-1}{r-1}$$

또한, $5a_n-a_{n+1}=5\times r^{n-1}-r^n=(5-r)\times r^{n-1}$이므로

수열 $\{5a_n-a_{n+1}\}$은 첫째항이 $5-r$, 공비가 r인 등비수열이다.

$$\therefore T_n=\frac{(5-r)(r^n-1)}{r-1}$$

$S_n=T_n$에서

$$\frac{r^n-1}{r-1}=\frac{(5-r)(r^n-1)}{r-1}$$

$1=5-r$ $\therefore r=4$

$\therefore a_5=4^4=256$

196 답 ③

$x^2-nx+4(n-4)=0$에서

$(x-n+4)(x-4)=0$

$\therefore x=n-4$ 또는 $x=4$

(ⅰ) $n-4>4$일 때

세 수 1, 4, $n-4$가 이 순서대로 등차수열을 이루므로

$2\times4=1+(n-4)$

$\therefore n=11$

(ⅱ) $n-4<4$일 때

세 수 1, $n-4$, 4가 이 순서대로 등차수열을 이루므로

$2\times(n-4)=1+4$, $2n=13$

$\therefore n=\frac{13}{2}$

이것은 n이 자연수라는 조건을 만족시키지 않는다.

(ⅰ), (ⅱ)에서 구하는 자연수 n의 값은 11이다.

197 답 68

세 수 a, 3, b가 이 순서대로 등차수열을 이루므로

$2\times3=a+b$

$\therefore a+b=6$

세 수 $-a$, 4, b가 이 순서대로 등비수열을 이루므로

$4^2=-ab$

$\therefore ab=-16$

$\therefore a^2+b^2=(a+b)^2-2ab=6^2-2\times(-16)=68$

198 답 ①

세 수 x_1, x_2, x_3이 이 순서대로 등차수열을 이루므로

$2x_2=x_1+x_3$에서

$x_1+x_2+x_3=3x_2=12$

$\therefore x_2=4$

또한, 5개의 수 a, x_1, x_2, x_3, b도 이 순서대로 등차수열을 이루므로

$2x_2=a+b$

$\therefore a+b=2\times4=8$

199 답 ②

두 점 A$(1, 2)$, B$(a, 6)$에 대하여 선분 AB를 $2:1$로 내분하는 점 P와 외분하는 점 Q는 각각 다음과 같다.

$$P\left(\frac{2\times a+1\times1}{2+1}, \frac{2\times6+1\times2}{2+1}\right), 즉 P\left(\frac{2a+1}{3}, \frac{14}{3}\right)$$

$$Q\left(\frac{2\times a-1\times1}{2-1}, \frac{2\times6-1\times2}{2-1}\right), 즉 Q(2a-1, 10)$$

이때 세 점 A, P, Q의 x좌표인 1, $\frac{2a+1}{3}$, $2a-1$이 이 순서대로 등비수열을 이루므로

$$\left(\frac{2a+1}{3}\right)^2=1\times(2a-1), \frac{4a^2+4a+1}{9}=2a-1$$

$4a^2-14a+10=0$, $2a^2-7a+5=0$

$(2a-5)(a-1)=0$

$\therefore a=\frac{5}{2}$ ($\because a\neq1$)

200 답 ②

(i) $n=1$일 때

$a_1=S_1=2-3=-1$

(ii) $n \geq 2$일 때

$a_n=S_n-S_{n-1}$

$\quad =(2n^2-3n)-\{2(n-1)^2-3(n-1)\}$

$\quad =(2n^2-3n)-(2n^2-7n+5)$

$\quad =4n-5 \quad \cdots\cdots \, \ominus$

이때 $a_1=-1$은 $\ominus$에 $n=1$을 대입한 것과 같으므로

$a_n=4n-5 \; (n \geq 1)$

또한, $a_n>100$에서

$4n-5>100$

$n>\dfrac{105}{4}=26.25$

따라서 자연수 n의 최솟값은 27이다.

201 답 ③

$S_n=n^2-4n+1$이므로

$a_1=S_1=1^2-4\times1+1=-2$

$a_5=S_5-S_4$

$\quad =(5^2-4\times5+1)-(4^2-4\times4+1)$

$\quad =6-1=5$

$\therefore a_5-a_1=5-(-2)=7$

202 답 ⑤

$S_n=\dfrac{n}{2n-1}$이므로

$a_1=S_1=\dfrac{1}{2\times1-1}=1$

$a_4=S_4-S_3=\dfrac{4}{7}-\dfrac{3}{5}=-\dfrac{1}{35}$

$\therefore a_1+a_4=1+\left(-\dfrac{1}{35}\right)=\dfrac{34}{35}$

203 답 37

$n \geq 2$일 때

$a_n=S_n-S_{n-1}$

$\quad =pn^2+qn+5-\{p(n-1)^2+q(n-1)+5\}$

$\quad =2pn-p+q$

$S_5-S_3=a_4+a_5=62$에서

$(8p-p+q)+(10p-p+q)=62$

$8p+q=31 \quad \cdots\cdots \, \ominus$

$\ominus$에서 p, q는 소수이므로 $p=3$, $q=7$

즉, $S_n=3n^2+7n+5$이므로

$a_1=S_1=3+7+5=15$

또한, $a_n=6n+4 \; (n \geq 2)$이므로

$a_3=6\times3+4=22$

$\therefore a_1+a_3=15+22=37$

204 답 24

$\displaystyle\sum_{k=1}^{10}(2a_k-b_k)=34$에서 $2\displaystyle\sum_{k=1}^{10}a_k-\sum_{k=1}^{10}b_k=34$

$2\times10-\displaystyle\sum_{k=1}^{10}b_k=34 \qquad \therefore \sum_{k=1}^{10}b_k=-14$

$\therefore \displaystyle\sum_{k=1}^{10}(a_k-b_k)=\sum_{k=1}^{10}a_k-\sum_{k=1}^{10}b_k=10-(-14)=24$

205 답 15

$\displaystyle\sum_{k=1}^{10}(a_k+1)^2-\sum_{k=1}^{10}(a_k-1)^2$

$=\displaystyle\sum_{k=1}^{10}\{(a_k+1)^2-(a_k-1)^2\}$

$=\displaystyle\sum_{k=1}^{10}4a_k=4\sum_{k=1}^{10}a_k=60$

$\therefore \displaystyle\sum_{k=1}^{10}a_k=15$

206 답 6

$\displaystyle\sum_{n=1}^{10}(a_n+2)=\sum_{n=1}^{10}a_n+20=30$에서

$\displaystyle\sum_{n=1}^{10}a_n=10$

$\displaystyle\sum_{n=1}^{10}(ca_n+p)=c\sum_{n=1}^{10}a_n+10p=60$에서

$10c+10p=60$

$\therefore c+p=6$

207 답 10

$\displaystyle\sum_{k=1}^{20}(k^2+1)a_k=30 \quad \cdots\cdots \, \ominus$

$\displaystyle\sum_{k=1}^{20}ka_k=10$의 양변에 2를 곱하면

$2\displaystyle\sum_{k=1}^{20}ka_k=10\times2$

$\displaystyle\sum_{k=1}^{20}2ka_k=20 \quad \cdots\cdots \, \bigcirc$

$\ominus-\bigcirc$을 하면

$\displaystyle\sum_{k=1}^{20}(k^2+1)a_k-\sum_{k=1}^{20}2ka_k=30-20$

$\displaystyle\sum_{k=1}^{20}(k^2-2k+1)a_k=10$

$\therefore \displaystyle\sum_{k=1}^{20}(k-1)^2a_k=\sum_{k=1}^{20}(k^2-2k+1)a_k=10$

208 답 ④

$\sum\limits_{k=1}^{12} a_{k+1}=8$에서 $\sum\limits_{k=1}^{12} a_{k+1}=\sum\limits_{k=2}^{13} a_k=8$

이때 $a_1=-1$이므로

$\sum\limits_{k=1}^{13} a_k=a_1+\sum\limits_{k=2}^{13} a_k=-1+8=7$ ······ ㉠

또한, $\sum\limits_{k=1}^{13} a_k(a_k+2)=27$에서

$$\sum_{k=1}^{13} a_k(a_k+2)=\sum_{k=1}^{13}(a_k^2+2a_k)$$
$$=\sum_{k=1}^{13} a_k^2+2\sum_{k=1}^{13} a_k$$
$$=\sum_{k=1}^{13} a_k^2+2\times 7\ (\because ㉠)$$
$$=27$$

$\therefore \sum\limits_{k=1}^{13} a_k^2=27-14=13$

209 답 ④

$$\sum_{k=1}^{n}\frac{a_{k+1}-a_k}{a_k a_{k+1}}=\sum_{k=1}^{n}\left(\frac{1}{a_k}-\frac{1}{a_{k+1}}\right)$$
$$=\left(\frac{1}{a_1}-\frac{1}{a_2}\right)+\left(\frac{1}{a_2}-\frac{1}{a_3}\right)+\left(\frac{1}{a_3}-\frac{1}{a_4}\right)+\cdots$$
$$+\left(\frac{1}{a_n}-\frac{1}{a_{n+1}}\right)$$
$$=\frac{1}{a_1}-\frac{1}{a_{n+1}}$$
$$=-\frac{1}{4}-\frac{1}{a_{n+1}}$$
$$=\frac{1}{n}$$

$\therefore \dfrac{1}{a_{n+1}}=-\dfrac{1}{n}-\dfrac{1}{4}=-\dfrac{n+4}{4n}$

따라서 $a_{n+1}=-\dfrac{4n}{n+4}$이므로 $n=12$를 대입하면

$a_{13}=-\dfrac{4\times 12}{12+4}=-3$

210 답 ③

다항식 $f(x)=2x^2+x$를 $x-n$으로 나누었을 때의 나머지는

$a_n=f(n)=2n^2+n$

$$\therefore \sum_{k=1}^{8}\frac{a_{k+1}-a_k}{a_k a_{k+1}}=\sum_{k=1}^{8}\left(\frac{1}{a_k}-\frac{1}{a_{k+1}}\right)$$
$$=\left(\frac{1}{a_1}-\frac{1}{a_2}\right)+\left(\frac{1}{a_2}-\frac{1}{a_3}\right)+\left(\frac{1}{a_3}-\frac{1}{a_4}\right)+\cdots$$
$$+\left(\frac{1}{a_8}-\frac{1}{a_9}\right)$$
$$=\frac{1}{a_1}-\frac{1}{a_9}$$
$$=\frac{1}{3}-\frac{1}{171}$$
$$=\frac{56}{171}$$

211 답 ③

$$\sum_{k=1}^{10}\frac{k^2}{k+2}-\sum_{k=2}^{10}\frac{4}{k+2}=\sum_{k=1}^{10}\frac{k^2}{k+2}-\left(\sum_{k=1}^{10}\frac{4}{k+2}-\frac{4}{3}\right)$$
$$=\sum_{k=1}^{10}\frac{k^2}{k+2}-\sum_{k=1}^{10}\frac{4}{k+2}+\frac{4}{3}$$
$$=\sum_{k=1}^{10}\left(\frac{k^2}{k+2}-\frac{4}{k+2}\right)+\frac{4}{3}$$
$$=\sum_{k=1}^{10}\frac{k^2-4}{k+2}+\frac{4}{3}$$
$$=\sum_{k=1}^{10}(k-2)+\frac{4}{3}$$
$$=\sum_{k=1}^{10}k-20+\frac{4}{3}$$
$$=\frac{10\times 11}{2}-20+\frac{4}{3}$$
$$=\frac{109}{3}$$

212 답 ⑤

$$\sum_{k=1}^{10}(3-a_k)(3+b_k)=\sum_{k=1}^{10}(9-3a_k+3b_k-a_k b_k)$$
$$=\sum_{k=1}^{10}\{9-3(a_k-b_k)-a_k b_k\}$$
$$=\sum_{k=1}^{10}\{9-3(1-2k)-k^2\}$$
$$=\sum_{k=1}^{10}(6+6k-k^2)$$
$$=\sum_{k=1}^{10}6+6\sum_{k=1}^{10}k-\sum_{k=1}^{10}k^2$$
$$=6\times 10+6\times\frac{10\times 11}{2}-\frac{10\times 11\times 21}{6}$$
$$=60+330-385$$
$$=5$$

213 답 ①

x에 대한 이차방정식 $x^2-2x+n^2+2n=0$의 두 근이 a_n, β_n이므로 이차방정식의 근과 계수의 관계에 의하여

$a_n+\beta_n=2$, $a_n\beta_n=n^2+2n=n(n+2)$

$$\therefore \sum_{k=1}^{8}\left(\frac{1}{a_k}+\frac{1}{\beta_k}\right)=\sum_{k=1}^{8}\frac{a_k+\beta_k}{a_k\beta_k}$$
$$=\sum_{k=1}^{8}\frac{2}{k(k+2)}$$
$$=\sum_{k=1}^{8}\left(\frac{1}{k}-\frac{1}{k+2}\right)$$
$$=\left(1-\frac{1}{3}\right)+\left(\frac{1}{2}-\frac{1}{4}\right)+\left(\frac{1}{3}-\frac{1}{5}\right)+\cdots$$
$$+\left(\frac{1}{7}-\frac{1}{9}\right)+\left(\frac{1}{8}-\frac{1}{10}\right)$$
$$=1+\frac{1}{2}-\frac{1}{9}-\frac{1}{10}$$
$$=\frac{58}{45}$$

214 답 626

x에 대한 이차방정식 $nx^2-\dfrac{1}{n+1}x+n^2=0$의 두 근을 α, β라 하면 이차방정식의 근과 계수의 관계에 의하여

$a_n=\alpha+\beta=\dfrac{1}{n(n+1)}$, $b_n=\alpha\beta=\dfrac{n^2}{n}=n$

$\therefore \displaystyle\sum_{k=1}^{10}(a_k+b_k)=\sum_{k=1}^{10}\left\{\dfrac{1}{k(k+1)}+k\right\}$

$\qquad\qquad\qquad\quad=\displaystyle\sum_{k=1}^{10}\dfrac{1}{k(k+1)}+\sum_{k=1}^{10}k$

이때

$\displaystyle\sum_{k=1}^{10}\dfrac{1}{k(k+1)}=\sum_{k=1}^{10}\left(\dfrac{1}{k}-\dfrac{1}{k+1}\right)$

$\qquad\qquad\quad=\left(1-\dfrac{1}{2}\right)+\left(\dfrac{1}{2}-\dfrac{1}{3}\right)+\cdots+\left(\dfrac{1}{10}-\dfrac{1}{11}\right)$

$\qquad\qquad\quad=1-\dfrac{1}{11}=\dfrac{10}{11}$

$\displaystyle\sum_{k=1}^{10}k=\dfrac{10\times 11}{2}=55$

$\therefore \displaystyle\sum_{k=1}^{10}(a_k+b_k)=\dfrac{10}{11}+55=\dfrac{615}{11}$

따라서 $p=11$, $q=615$이므로

$p+q=11+615=626$

215 답 ②

$\displaystyle\sum_{n=1}^{20}(-1)^n a_n=-a_1+a_2-a_3+a_4-\cdots+a_{18}-a_{19}+a_{20}$

$\qquad\qquad\qquad=-(a_1+a_3+a_5+\cdots+a_{19})$

$\qquad\qquad\qquad\qquad\qquad+(a_2+a_4+a_6+\cdots+a_{20})$

$\qquad\qquad\qquad=-\displaystyle\sum_{k=1}^{10}\left(\dfrac{1}{2k}-\dfrac{1}{2k-1}\right)+\sum_{k=1}^{10}\left(\dfrac{1}{2k}-\dfrac{1}{2k+1}\right)$

$\qquad\qquad\qquad=\displaystyle\sum_{k=1}^{10}\left(-\dfrac{1}{2k}+\dfrac{1}{2k-1}+\dfrac{1}{2k}-\dfrac{1}{2k+1}\right)$

$\qquad\qquad\qquad=\displaystyle\sum_{k=1}^{10}\left(\dfrac{1}{2k-1}-\dfrac{1}{2k+1}\right)$

$\qquad\qquad\qquad=\left(1-\dfrac{1}{3}\right)+\left(\dfrac{1}{3}-\dfrac{1}{5}\right)+\left(\dfrac{1}{5}-\dfrac{1}{7}\right)+\cdots$

$\qquad\qquad\qquad\qquad\qquad\qquad+\left(\dfrac{1}{19}-\dfrac{1}{21}\right)$

$\qquad\qquad\qquad=1-\dfrac{1}{21}$

$\qquad\qquad\qquad=\dfrac{20}{21}$

216 답 256

조건 (나)에서 $a_{n+1}=-2a_n$이므로

수열 $\{a_n\}$은 공비가 -2인 등비수열이다.

$\therefore a_2=-2a_1 \quad\cdots\cdots\text{㉠}$

조건 (가)에서 $a_1=a_2+3$이므로 ㉠을 대입하면

$a_1=-2a_1+3$, $3a_1=3$ $\therefore a_1=1$

$\therefore a_9=1\times(-2)^8=256$

217 답 ②

$2a_{n+1}=a_n+a_{n+2}$에서 수열 $\{a_n\}$은 등차수열이다.

등차수열 $\{a_n\}$의 공차를 d라 하면

$a_8-a_1=(a+7d)-a=7d$이므로

$7d=6-(-15)=21$ $\therefore d=3$

$\displaystyle\sum_{k=1}^{m}a_k=0$에서

$\dfrac{m\{2\times(-15)+(m-1)\times 3\}}{2}=0$

$m(3m-33)=0$

이때 m은 자연수이므로

$m=11$

218 답 ⑤

$a_{n+1}{}^2=a_n a_{n+2}$에서 수열 $\{a_n\}$은 등비수열이다.

등비수열 $\{a_n\}$의 첫째항을 a, 공비를 r라 하면 모든 항이 양수이므로 $a>0$, $r>0$이다.

$\dfrac{a_6}{a_2}=\dfrac{ar^5}{ar}=r^4$이므로

$r^4=\dfrac{2}{32}=\dfrac{1}{16}$ $\therefore r=\dfrac{1}{2}$ ($\because r>0$)

$a_2=ar$이므로

$32=\dfrac{1}{2}a$ $\therefore a=64$

따라서 수열 $\{a_n\}$의 첫째항부터 제10항까지의 합은

$\dfrac{64\left\{1-\left(\dfrac{1}{2}\right)^{10}\right\}}{1-\dfrac{1}{2}}=128\left\{1-\left(\dfrac{1}{2}\right)^{10}\right\}=128-\left(\dfrac{1}{2}\right)^3$

219 답 ③

$a_{n+1}=a_n+3$에서 수열 $\{a_n\}$은 공차가 3인 등차수열이므로

$a_{2n}-a_{2n-1}=3$

또한, $b_{n+1}=2b_n$에서 수열 $\{b_n\}$은 공비가 2인 등비수열이다.

따라서 $\displaystyle\sum_{n=1}^{5}a_{2n}b_n-\sum_{n=1}^{5}a_{2n-1}b_n=279$에서

$\displaystyle\sum_{n=1}^{5}a_{2n}b_n-\sum_{n=1}^{5}a_{2n-1}b_n=\sum_{n=1}^{5}(a_{2n}b_n-a_{2n-1}b_n)$

$\qquad\qquad\qquad\qquad\qquad=\displaystyle\sum_{n=1}^{5}b_n(a_{2n}-a_{2n-1})$

$\qquad\qquad\qquad\qquad\qquad=3\displaystyle\sum_{n=1}^{5}b_n$

$\qquad\qquad\qquad\qquad\qquad=3\times\dfrac{b_1(2^5-1)}{2-1}$

$\qquad\qquad\qquad\qquad\qquad=93b_1=279$

$\therefore b_1=3$

220 답 ①

조건 (가)에서 $a_1-b_1=0$이고 $a_8-b_5=0$이므로

$a_1=b_1$이고 $a_8=b_5$

조건 (나)에서 모든 자연수 n에 대하여

$a_{n+1}-a_n+3=0$이고 $b_{n+1}-2b_n=0$이므로

$a_{n+1}=a_n-3$이고 $b_{n+1}=2b_n$

$a_{n+1}=a_n-3$에서 수열 $\{a_n\}$은 공차가 -3인 등차수열이고

$b_{n+1}=2b_n$에서 수열 $\{b_n\}$은 공비가 2인 등비수열이다.

즉, $a_8=a_1+7\times(-3)=a_1-21$이고

$b_5=b_1\times2^4=a_1\times2^4=16a_1$

이때 $a_8=b_5$이므로 $a_1-21=16a_1$

$15a_1=-21$에서 $a_1=-\dfrac{7}{5}$

따라서 $a_2=-\dfrac{7}{5}-3=-\dfrac{22}{5}$, $b_2=-\dfrac{7}{5}\times2=-\dfrac{14}{5}$이므로

$$\dfrac{a_2}{b_2}=\dfrac{-\dfrac{22}{5}}{-\dfrac{14}{5}}=\dfrac{11}{7}$$

221 답 ①

조건 (가)에서

$a_1=S_1=4$이고 $S_2=a_1+a_2$이므로

$4+a_2=0$에서 $a_2=-4$

조건 (다)에서

$a_{2n+1}=a_{2n-1}+4$이므로 수열 $\{a_{2n-1}\}$은 공차가 4인 등차수열이고

$a_{2n+2}=pa_{2n}$이므로 수열 $\{a_{2n}\}$은 공비가 p인 등비수열이다.

$a_7=4+4\times3=16$,

$a_8=-4\times p^3$

조건 (나)에서

$a_7=a_8$이므로 $16=-4p^3$

$\therefore p^3=-4$

222 답 33

$a_1=9$, $a_2=3$이고,

$a_{n+2}=a_{n+1}-a_n$의 n에 1, 2, 3, $\cdots$을 차례로 대입하면

$a_3=a_2-a_1=3-9=-6$

$a_4=a_3-a_2=-6-3=-9$

$a_5=a_4-a_3=-9-(-6)=-3$

$a_6=a_5-a_4=-3-(-9)=6$

$a_7=a_6-a_5=6-(-3)=9$

$a_8=a_7-a_6=9-6=3$

$\qquad\vdots$

즉, 수열 $\{a_n\}$은 9, 3, -6, -9, -3, 6이 이 순서대로 반복되고, 반복되는 6개의 항 중에서 $|a_k|=3$을 만족시키는 항의 개수는 2이다.

이때 $100=6\times16+4$이므로 $|a_k|=3$을 만족시키는 100 이하의 자연수 k의 개수는

$16\times2+1=33$

223 답 ①

$a_1=14$이고,

$$a_{n+1}=\begin{cases}\dfrac{a_n}{2} & (a_n\text{이 짝수인 경우})\\[2mm]\dfrac{a_n+21}{2} & (a_n\text{이 홀수인 경우})\end{cases}$$의 n에 1, 2, 3, $\cdots$을 차례로

대입하면

$a_2=\dfrac{a_1}{2}=\dfrac{14}{2}=7$

$a_3=\dfrac{a_2+21}{2}=\dfrac{7+21}{2}=14$

$a_4=\dfrac{a_3}{2}=\dfrac{14}{2}=7$

$a_5=\dfrac{a_4+21}{2}=\dfrac{7+21}{2}=14$

$\qquad\vdots$

즉, 수열 $\{a_n\}$은 14, 7이 이 순서대로 반복되므로 자연수 n에 대하여 $a_{2n-1}=14$, $a_{2n}=7$이다.

$\therefore a_{10}-a_{11}=7-14=-7$

224 답 ④

$2a_n+a_{n+1}=3n$의 n에 1, 2, 3, 4를 차례로 대입하면

$2a_1+a_2=2a_1+1=3$에서

$a_1=1$

$2a_2+a_3=2\times1+a_3=6$에서

$a_3=4$

$2a_3+a_4=2\times4+a_4=9$에서

$a_4=1$

$2a_4+a_5=2\times1+a_5=12$에서

$a_5=10$

$\therefore a_1+a_5=1+10=11$

225 답 ①

$a_1=1$, $a_2=-1$이고,

$a_{n+2}=(-1)^{n-1}a_na_{n+1}$이므로 수열 $\{a_n\}$의 각 항을 차례로 나열하면

1, -1, -1, -1, 1, 1, 1, -1, -1, -1, 1, 1, $\cdots$

즉, 수열 $\{a_n\}$은 1, -1, -1, -1, 1, 1이 이 순서대로 반복되므로

$a_1+a_2+a_3+a_4+a_5+a_6=a_7+a_8+a_9+a_{10}+a_{11}+a_{12}$

$\qquad\qquad=\cdots=a_{91}+a_{92}+a_{93}+a_{94}+a_{95}+a_{96}$

$\qquad\qquad=1+(-1)+(-1)+(-1)+1+1$

$\qquad\qquad=0$

이때 $100=6\times16+4$이므로

$$\sum_{k=1}^{100}a_k=\sum_{k=1}^{96}a_k+\sum_{k=97}^{100}a_k$$

$\qquad=16\times0+1+(-1)+(-1)+(-1)$

$\qquad=-2$

226 답 406

$a_n + a_{n+1} = 2n - 5$에서

$n=2$일 때, $a_2 + a_3 = 2 \times 2 - 5 = 4 \times 1 - 5$

$n=4$일 때, $a_4 + a_5 = 2 \times 4 - 5 = 4 \times 2 - 5$

$n=6$일 때, $a_6 + a_7 = 2 \times 6 - 5 = 4 \times 3 - 5$

$\vdots$

$n=30$일 때, $a_{30} + a_{31} = 2 \times 30 - 5 = 4 \times 15 - 5$

$\therefore \sum_{k=1}^{31} a_k = a_1 + \sum_{k=2}^{31} a_k = 1 + \sum_{k=1}^{15} (4k - 5)$

$\qquad = 1 + 4\sum_{k=1}^{15} k - \sum_{k=1}^{15} 5$

$\qquad = 1 + 4 \times \dfrac{15 \times 16}{2} - 5 \times 15$

$\qquad = 1 + 480 - 75 = 406$

227 답 21

$a_{n+1} = \begin{cases} a_n + 3 & (n \text{은 홀수}) \\ 2 - a_n & (n \text{은 짝수}) \end{cases}$ 의 n에 1, 2, 3, …을 차례로 대입하면

$a_2 = a_1 + 3$,

$a_3 = 2 - a_2 = 2 - (a_1 + 3) = -a_1 - 1$

$a_4 = a_3 + 3 = -a_1 - 1 + 3 = -a_1 + 2$

$a_5 = 2 - a_4 = 2 - (-a_1 + 2) = a_1$

$\vdots$

즉, 수열 $\{a_n\}$은 a_1, $a_1 + 3$, $-a_1 - 1$, $-a_1 + 2$가 이 순서대로 반복되므로

$a_8 = -a_1 + 2$, $a_{19} = -a_1 - 1$

즉, $a_8 + a_{19} = -2a_1 + 1 = -9$에서 $a_1 = 5$

$\therefore \sum_{k=1}^{10} a_k$

$= 2 \times \{a_1 + (a_1 + 3) + (-a_1 - 1) + (-a_1 + 2)\} + a_1 + (a_1 + 3)$

$= 2 \times 4 + 2a_1 + 3$

$= 8 + 10 + 3 = 21$

228 답 ①

$a_2 = 3$이므로 a_1의 값의 범위에 따라 경우를 나누어 a_1의 값을 구해 보면

(i) $|a_1| \le 1$인 경우

$a_2 = 2a_1 + 1 = 3$에서 $a_1 = 1$

(ii) $|a_1| > 1$인 경우

$a_2 = 3 - a_1 = 3$에서 $a_1 = 0$

이것은 $|a_1| > 1$인 조건을 만족시키지 않는다.

(i), (ii)에서 $a_1 = 1$

$|a_2| > 1$이므로 $a_3 = 3 - a_2 = 3 - 3 = 0$

$|a_3| \le 1$이므로 $a_4 = 2a_3 + 1 = 2 \times 0 + 1 = 1$

$|a_4| \le 1$이므로 $a_5 = 2a_4 + 1 = 2 \times 1 + 1 = 3$

$|a_5| > 1$이므로 $a_6 = 3 - a_5 = 3 - 3 = 0$

$\therefore a_1 + a_6 = 1 + 0 = 1$

229 답 ⑤

$a_n = 2^n + \dfrac{1}{n}$ …… (＊)

(i) $n=1$일 때,

(좌변) $= a_1 = 3$, (우변) $= 2^1 + \dfrac{1}{1} = 3$

이므로 (＊)이 성립한다.

(ii) $n=k$일 때 (＊)이 성립한다고 가정하면

$a_k = 2^k + \dfrac{1}{k}$ 이므로

$ka_{k+1} = 2ka_k - \dfrac{k+2}{k+1} = 2k\left(2^k + \dfrac{1}{k}\right) - \dfrac{k+2}{k+1}$

$\qquad = \boxed{k2^{k+1} + 2} - \dfrac{k+2}{k+1}$

$\qquad = k2^{k+1} + 2 - \left(1 + \dfrac{1}{k+1}\right)$

$\qquad = k2^{k+1} + \boxed{\dfrac{k}{k+1}}$

이다. 따라서 $a_{k+1} = 2^{k+1} + \dfrac{1}{k+1}$ 이므로 $n=k+1$일 때도 (＊)이 성립한다.

(i), (ii)에 의하여 모든 자연수 n에 대하여 $a_n = 2^n + \dfrac{1}{n}$이다.

따라서 $f(k) = k2^{k+1} + 2$, $g(k) = \dfrac{k}{k+1}$ 이므로

$f(3) \times g(4) = (3 \times 2^4 + 2) \times \dfrac{4}{5} = 50 \times \dfrac{4}{5} = 40$

230 답 ①

$a_1 + a_2 + a_3 + \cdots + a_{n-1} = n(a_n - 1)$ …… (＊)

(i) $n=2$일 때,

(좌변) $= a_1 = \boxed{1}$,

(우변) $= 2(a_2 - 1) = 2 \times \left(1 + \dfrac{1}{2} - 1\right) = \boxed{1}$

이므로 (＊)이 성립한다.

(ii) $n=k$일 때, (＊)이 성립한다고 가정하면

$a_1 + a_2 + a_3 + \cdots + a_{k-1} = k(a_k - 1)$

양변에 a_k를 더하면

$a_1 + a_2 + a_3 + \cdots + a_{k-1} + a_k = k(a_k - 1) + a_k = (k+1)a_k - k$

그런데

$a_{k+1} = 1 + \dfrac{1}{2} + \dfrac{1}{3} + \cdots + \dfrac{1}{k} + \dfrac{1}{k+1} = a_k + \dfrac{1}{k+1}$

이므로

$a_k = a_{k+1} - \boxed{\dfrac{1}{k+1}}$

$a_1 + a_2 + a_3 + \cdots + a_k = (k+1)a_k - k$

$\qquad\qquad = (k+1)\left(a_{k+1} - \dfrac{1}{k+1}\right) - k$

$\qquad\qquad = (k+1)a_{k+1} - 1 - k$

$\qquad\qquad = (k+1)(a_{k+1} - 1)$

따라서 $n=k+1$일 때도 (＊)이 성립한다.

(i), (ii)에 의하여 2 이상의 모든 자연수 n에 대하여 (＊)이 성립한다.

따라서 $a=1$, $f(k)=\dfrac{1}{k+1}$이므로

$a+f(9)=1+\dfrac{1}{10}=\dfrac{11}{10}$

231 답 ⑤

$\displaystyle\sum_{k=1}^{n}\{(2k^2+2k-1)\times 3^{k-1}\}=n^2\times 3^n$ ...... (*)

(ⅰ) $n=1$일 때,

(좌변)$=(2\times 1^2+2\times 1-1)\times 3^0=\boxed{3}$,

(우변)$=1^2\times 3^1=\boxed{3}$

이므로 (*)이 성립한다.

(ⅱ) $n=m$일 때, (*)이 성립한다고 가정하면

$\displaystyle\sum_{k=1}^{m+1}\{(2k^2+2k-1)\times 3^{k-1}\}$

$\displaystyle=\sum_{k=1}^{m}\{(2k^2+2k-1)\times 3^{k-1}\}$

$\qquad\qquad\qquad +\{2(m+1)^2+2(m+1)-1\}\times 3^m$

$\displaystyle=\sum_{k=1}^{m}\{(2k^2+2k-1)\times 3^{k-1}\}+(\boxed{2m^2+6m+3})\times 3^m$

$=m^2\times 3^m+(\boxed{2m^2+6m+3})\times 3^m$

$=(3m^2+6m+3)\times 3^m$

$=\boxed{(m+1)^2}\times 3^{m+1}$

따라서 $n=m+1$일 때도 (*)이 성립한다.

(ⅰ), (ⅱ)에 의하여 모든 자연수 n에 대하여 (*)이 성립한다.

따라서 $a=3$, $f(m)=2m^2+6m+3$, $g(m)=(m+1)^2$이므로

$f(3)+g(3)=39+16=55$

등급 업 도전하기 본문 81~88쪽

232 답 ②

이차방정식 $x^2-2(n+1)x+2n=0$의 두 근이 α_n, β_n이므로 이차방정식의 근과 계수의 관계에 의하여

$\alpha_n+\beta_n=2(n+1)$, $\alpha_n\beta_n=2n$

$\therefore \dfrac{1}{\alpha_n}+\dfrac{1}{\beta_n}=\dfrac{\alpha_n+\beta_n}{\alpha_n\beta_n}=\dfrac{2(n+1)}{2n}=\dfrac{n+1}{n}$

$\therefore \displaystyle\sum_{n=1}^{99}\log\left(\dfrac{1}{\alpha_n}+\dfrac{1}{\beta_n}\right)=\sum_{n=1}^{99}\log\dfrac{n+1}{n}$

$\qquad=\log\dfrac{2}{1}+\log\dfrac{3}{2}+\log\dfrac{4}{3}+\cdots+\log\dfrac{100}{99}$

$\qquad=\log\left(\dfrac{2}{1}\times\dfrac{3}{2}\times\dfrac{4}{3}\times\cdots\times\dfrac{100}{99}\right)$

$\qquad=\log 100=\log 10^2=2$

233 답 62

조건 (가)에서

$\displaystyle\sum_{k=1}^{6}(2a_k+3)=2\sum_{k=1}^{6}a_k+3\times 6=40$이므로

$2\displaystyle\sum_{k=1}^{6}a_k=22$ $\therefore \displaystyle\sum_{k=1}^{6}a_k=11$

$\displaystyle\sum_{k=1}^{10}(b_k+2)-\sum_{k=1}^{4}(b_{k+6}+k)$

$\displaystyle=\sum_{k=1}^{10}b_k+2\times 10-\sum_{k=7}^{10}b_k-\dfrac{4\times 5}{2}$

$\displaystyle=\sum_{k=1}^{10}b_k-\sum_{k=7}^{10}b_k+10$

$\displaystyle=\sum_{k=1}^{6}b_k+10=30$

이므로 $\displaystyle\sum_{k=1}^{6}b_k=20$

조건 (나)에서

$a_{n+6}=a_n$이므로

$\displaystyle\sum_{k=1}^{6}a_k=\sum_{k=7}^{12}a_k$

$b_{13-n}=b_n$이므로

$b_1=b_{12}$, $b_2=b_{11}$, $b_3=b_{10}$, $b_4=b_9$, $b_5=b_8$, $b_6=b_7$

$\therefore \displaystyle\sum_{k=1}^{6}b_k=\sum_{k=7}^{12}b_k$

$\therefore \displaystyle\sum_{k=1}^{12}(a_k+b_k)=\sum_{k=1}^{12}a_k+\sum_{k=1}^{12}b_k$

$\qquad=\left(\displaystyle\sum_{k=1}^{6}a_k+\sum_{k=7}^{12}a_k\right)+\left(\sum_{k=1}^{6}b_k+\sum_{k=7}^{12}b_k\right)$

$\qquad=2\displaystyle\sum_{k=1}^{6}a_k+2\sum_{k=1}^{6}b_k$

$\qquad=2\times(11+20)=62$

234 답 ⑤

$A_1=\{1, 2, 3, 4, 5, 6, 7\}$이므로 주어진 세 조건 (가), (나), (다)에 의하여

$A_2=\{5, 6, 7, 8, 9, 10, 11\}$

$A_3=\{9, 10, 11, 12, 13, 14, 15\}$

$A_4=\{13, 14, 15, 16, 17, 18, 19\}$

$\quad\vdots$

a_n은 집합 A_n의 원소 중 가장 작은 수이므로 수열 $\{a_n\}$을 차례로 나열하면

$1, 5, 9, 13, \cdots$

따라서 수열 $\{a_n\}$은 첫째항이 1, 공차가 4인 등차수열이므로

$a_n=1+(n-1)\times 4=4n-3$

또한, b_n은 집합 A_n의 원소 중 가장 큰 수이므로 수열 $\{b_n\}$을 차례로 나열하면

$7, 11, 15, 19, \cdots$

따라서 수열 $\{b_n\}$은 첫째항이 7, 공차가 4인 등차수열이므로

$b_n=7+(n-1)\times 4=4n+3$

$\therefore a_nb_n=(4n-3)(4n+3)=16n^2-9$

$\therefore \displaystyle\sum_{k=1}^{10}a_kb_k=\sum_{k=1}^{10}(16k^2-9)$

$\qquad=16\times\dfrac{10\times 11\times 21}{6}-9\times 10$

$\qquad=6070$

235 답 ⑤

$S_2=a_1+a_2=2$이고, $a_1=a_2$이므로

$a_1=a_2=1$

모든 자연수 n에 대하여 $S_{2n+1}=2^n+p$이므로

$S_{2n-1}=S_{2(n-1)+1}=2^{n-1}+p$ (단, $n \geq 2$)

따라서 2 이상의 모든 자연수 k에 대하여

$a_{2k}=S_{2k}-S_{2k-1}=2^k-(2^{k-1}+p)=2^{k-1}-p$

이므로

$$\sum_{k=1}^{10} a_{2k}=a_2+\sum_{k=2}^{10}(2^{k-1}-p)$$
$$=1+\sum_{k=1}^{10}(2^{k-1}-p)-(2^{1-1}-p)$$
$$=p+\sum_{k=1}^{10}2^{k-1}-\sum_{k=1}^{10}p$$
$$=p+\frac{1\times(2^{10}-1)}{2-1}-10p$$
$$=1023-9p=996$$

에서 $9p=27$

$\therefore p=3$

236 답 ④

$$\sum_{k=1}^{2^n-1}\frac{2}{k+1}\geq n \quad \cdots\cdots (*)$$

(i) $n=1$일 때,

(좌변)$=\sum_{k=1}^{1}\frac{2}{k+1}=\frac{2}{2}=\boxed{1}$, (우변)$=\boxed{1}$

이므로 $(*)$이 성립한다.

(ii) $n=m$일 때, $(*)$이 성립한다고 가정하면

$$\sum_{k=1}^{2^{m+1}-1}\frac{2}{k+1}$$
$$=\sum_{k=1}^{\boxed{2^m-1}}\frac{2}{k+1}+\left(\frac{2}{2^m+1}+\frac{2}{2^m+2}+\cdots+\frac{2}{2^{m+1}}\right)$$
$$\geq m+\left(\frac{2}{2^m+1}+\frac{2}{2^m+2}+\cdots+\frac{2}{2^{m+1}}\right)$$
$$=m+\sum_{l=1}^{2^m}\frac{2}{2^m+l}$$

$2^m \geq l$인 모든 자연수 l에 대하여 $\frac{2}{2^m+l}\geq\frac{2}{2^m+2^m}$이므로

$$m+\sum_{l=1}^{2^m}\frac{2}{2^m+l}\geq m+\sum_{l=1}^{2^m}\frac{2}{\boxed{2^m}+2^m}=m+2^m\times\frac{2}{2\times2^m}=m+1$$

따라서 $n=m+1$일 때도 $(*)$이 성립한다.

(i), (ii)에 의하여 모든 자연수 n에 대하여 $(*)$이 성립한다.

따라서 $a=1$, $f(m)=2^m-1$, $g(m)=2^m$이므로

$$f(4a)+g(a+3)=f(4)+g(4)$$
$$=(2^4-1)+2^4=31$$

237 답 255

$n\times4^x-(n+2)\times2^{x+1}+n+1=0$에서

$2^x=t$ $(t>0)$이라 하면

$nt^2-2(n+2)t+n+1=0 \quad \cdots\cdots \bigcirc$

x에 대한 방정식의 두 근을 α, β라 하면 t에 대한 이차방정식 $\bigcirc$의 두 근은 2^α, 2^β이므로 이차방정식의 근과 계수의 관계에 의하여

$2^\alpha\times2^\beta=\frac{n+1}{n}$

즉, $2^{\alpha+\beta}=\frac{n+1}{n}$에서

$\alpha+\beta=\log_2\frac{n+1}{n}$이므로

$a_n=\log_2\frac{n+1}{n}$

$$\therefore \sum_{k=1}^{m}a_k=\sum_{k=1}^{m}\log_2\frac{k+1}{k}$$
$$=\log_2\frac{2}{1}+\log_2\frac{3}{2}+\cdots+\log_2\frac{m+1}{m}$$
$$=\log_2\left(\frac{2}{1}\times\frac{3}{2}\times\cdots\times\frac{m+1}{m}\right)$$
$$=\log_2(m+1)$$

따라서 $\log_2(m+1)=8$이어야 하므로

$m+1=2^8$에서

$m=2^8-1=255$

238 답 11

$a_4=a_3(4-a_3)=3\times1=3$이므로

$n\geq3$인 모든 자연수 n에 대하여

$a_n=3$

$a_3=a_2(4-a_2)$에서

$3=a_2(4-a_2)$이므로

$a_2{}^2-4a_2+3=0$, $(a_2-3)(a_2-1)=0$

$\therefore a_2=1$ 또는 $a_2=3$

$a_2=a_1(4-a_1)$이므로

(i) $1=a_1(4-a_1)$이면 $a_1{}^2-4a_1+1=0$에서

　$a_1=2\pm\sqrt{3}$

(ii) $3=a_1(4-a_1)$이면 $a_1{}^2-4a_1+3=0$에서

　$a_1=1$ 또는 $a_1=3$

(i), (ii)에서 $S=(2+\sqrt{3})+(2-\sqrt{3})+1+3=8$

$\therefore S+a_{10}=8+3=11$

239 답 ④

$|S_{n+1}-S_n+a_{n+2}|=8n-8$에서

$S_{n+1}-S_n=a_{n+1}$이므로

$|a_{n+1}+a_{n+2}|=8n-8$

즉, $a_{n+1}+a_{n+2}=8n-8$ 또는 $a_{n+1}+a_{n+2}=-(8n-8)$

$n=1$일 때, $a_2+a_3=0$에서

$\therefore a_3=-a_2 \quad \cdots\cdots \bigcirc$

$n=2$일 때, $a_3+a_4=8$ 또는 $a_3+a_4=-8$

등차수열 $\{a_n\}$의 첫째항을 a, 공차를 d라 하면

(ⅰ) $a_3+a_4=8$일 때

위의 식에 ㉠을 대입하면

$a_4-a_2=8$에서 $(a+3d)-(a+d)=8$

$2d=8$ ∴ $d=4$

㉠에서 $a+2\times4=-(a+4)$

∴ $a=-6$

이때 $a_5=-6+4\times4=10>0$이므로 조건을 만족시키지 않는다.

(ⅱ) $a_3+a_4=-8$일 때

위의 식에 ㉠을 대입하면

$a_4-a_2=-8$에서 $(a+3d)-(a+d)=-8$

$2d=-8$ ∴ $d=-4$

㉠에서 $a+2\times(-4)=-\{a+(-4)\}$

∴ $a=6$

이때 $a_5=6+4\times(-4)=-10<0$이므로 조건을 만족시킨다.

(ⅰ), (ⅱ)에서 $a=6$, $d=-4$이므로

$a_2=6+(-4)=2$

240 답 ③

$\overline{CD}=x$, $\overline{AC}=y$, $\overline{BD}=z$라 하자.

$\triangle ABC \backsim \triangle DAC$이므로 $\overline{AC}:\overline{DC}=\overline{BC}:\overline{AC}$

$\overline{AC}^2=\overline{DC}\times\overline{BC}$ ∴ $y^2=x(x+z)$ ······ ㉠

세 선분 CD, AC, BD의 길이가 이 순서대로 등차수열을 이루므로

$2\overline{AC}=\overline{CD}+\overline{BD}$ ∴ $2y=x+z$ ······ ㉡

직각삼각형 ABC에서 피타고라스 정리에 의하여

$\overline{BC}^2=\overline{AB}^2+\overline{AC}^2$ ∴ $(x+z)^2=(2\sqrt{3})^2+y^2$ ······ ㉢

㉡을 ㉢에 대입하면

$(2y)^2=(2\sqrt{3})^2+y^2$, $3y^2=12$

$y^2=4$ ∴ $y=2$ ($\because y>0$)

㉡을 ㉠에 대입하면

$y^2=x\times2y$ ∴ $x=\dfrac{y}{2}=1$ ($\because y=2$)

$x=1$, $y=2$를 ㉡에 대입하면

$2\times2=1+z$ ∴ $z=3$

직각삼각형 ABC의 넓이에서

$\dfrac{1}{2}\times\overline{AB}\times\overline{AC}=\dfrac{1}{2}\times\overline{BC}\times\overline{AD}$

$\dfrac{1}{2}\times2\sqrt{3}\times2=\dfrac{1}{2}\times4\times\overline{AD}$

∴ $\overline{AD}=\sqrt{3}$

다른 풀이

$\overline{CD}=x$, $\overline{AC}=y$, $\overline{BD}=z$라 하면 세 수 x, y, z가 이 순서대로 등차수열을 이루므로

$2y=x+z$ ······ ㉠

$\triangle ABC=\dfrac{1}{2}\times\overline{BC}\times\overline{AD}=\dfrac{1}{2}\times\overline{AB}\times\overline{AC}$이므로

$(x+z)\times\overline{AD}=2\sqrt{3}\times y$

∴ $\overline{AD}=\dfrac{2\sqrt{3}y}{x+z}=\dfrac{2\sqrt{3}y}{2y}=\sqrt{3}$ ($\because$ ㉠)

241 답 ②

$S_1=a_1$이므로

$(2^{S_n}-1)(2^{a_n}-1)=1$의 n에 1을 대입하면

$(2^{S_1}-1)(2^{a_1}-1)=1$, $(2^{a_1}-1)^2=1$

∴ $2^{a_1}-1=-1$ 또는 $2^{a_1}-1=1$

이때 $2^{a_1}\neq0$이므로 $2^{a_1}=2$

∴ $a_1=1$, $S_1=1$

또한, $a_n=S_n-S_{n-1}$ $(n\geq2)$이므로

$(2^{S_n}-1)(2^{a_n}-1)=1$에서

$(2^{S_n}-1)(2^{S_n-S_{n-1}}-1)=1$

$2^{2S_n-S_{n-1}}-2^{S_n-S_{n-1}}-2^{S_n}=0$

이때 $2^{S_n}\neq0$이므로 위의 식의 양변을 2^{S_n}으로 나누면

$2^{S_n-S_{n-1}}-2^{-S_{n-1}}-1=0$

양변에 $2^{S_{n-1}}$을 곱하여 정리하면

$2^{S_n}-2^{S_{n-1}}=1$ $(n\geq2)$ ······ ㉠

이때 $2^{S_n}=b_n$이라 하면

$b_1=2^{S_1}=2$, $b_n-b_{n-1}=1$ $(n\geq2)$

이므로 수열 $\{b_n\}$은 첫째항이 2, 공차가 1인 등차수열이다.

즉, $b_n=2+(n-1)\times1=n+1$이므로

$2^{S_n}=b_n$에서

$S_n=\log_2 b_n=\log_2(n+1)$

∴ $a_{10}=S_{10}-S_9$

$=\log_2 11-\log_2 10=\log_2\dfrac{11}{10}$

242 답 ⑤

ㄱ. $S_{48}=\dfrac{48(a_1+a_{48})}{2}=0$이므로

$a_1+a_{48}=0$

이때 수열 $\{a_n\}$이 등차수열이므로

$a_1+a_{48}=a_2+a_{47}=a_3+a_{46}=\cdots=a_{24}+a_{25}=0$

즉, 서로 다른 두 자연수 p, q에 대하여 $p+q=49$일 때,

$a_p+a_q=0$이다. (참)

ㄴ. ㄱ에서

$a_{24}+a_{25}=0$이므로 $S_{23}=S_{25}$

$a_{23}+a_{24}+a_{25}+a_{26}=0$이므로 $S_{22}=S_{26}$

$a_{22}+a_{23}+a_{24}+a_{25}+a_{26}+a_{27}=0$이므로 $S_{21}=S_{27}$

⋮

$a_2+a_3+a_4+\cdots+a_{47}=0$이므로 $S_1=S_{47}$

즉, 서로 다른 두 자연수 p, q에 대하여 $p+q=48$일 때,

$S_p=S_q$이다. (참)

ㄷ. 수열 $\{a_n\}$이 등차수열이므로

$a_1+a_{88}=a_2+a_{87}=a_3+a_{86}=\cdots=a_{44}+a_{45}$

즉, 서로 다른 두 자연수 p, q에 대하여 $p+q=89$일 때,

$a_p+a_q=a_{44}+a_{45}$이다.

∴ $\displaystyle\sum_{k=41}^{48}a_k=a_{41}+a_{42}+a_{43}+a_{44}+a_{45}+a_{46}+a_{47}+a_{48}$

$=4(a_{44}+a_{45})$

이때

$$S_{88}=\frac{88(a_1+a_{88})}{2}=44(a_1+a_{88})=44(a_{44}+a_{45})$$

이므로

$$\sum_{k=41}^{48}a_k=\frac{1}{11}S_{88}\ (참)$$

따라서 옳은 것은 ㄱ, ㄴ, ㄷ이다.

243 답 ⑤

ㄱ. $0<a_2\leq1$일 때, $a_1=0$이므로

　$0<|a_2-a_1|\leq1$

　$\therefore a_3=2a_2-a_1=2a_2$

　$|a_3-a_2|=|2a_2-a_2|=a_2$이므로

　$0<|a_3-a_2|\leq1$

　$\therefore a_4=2a_3-a_2=4a_2-a_2=3a_2$

　즉, $a_2-a_1=a_3-a_2=a_4-a_3=a_2$이므로

　$a_1,\ a_2,\ a_3,\ a_4$는 이 순서대로 등차수열을 이룬다. (참)

ㄴ. $2<a_2\leq4$일 때, $a_1=0$이므로

　$|a_2-a_1|=a_2>1$

　$\therefore a_3=\frac{a_2+a_1}{2}=\frac{a_2}{2}$

　$|a_3-a_2|=\left|\frac{a_2}{2}-a_2\right|=\frac{a_2}{2}$이므로

　$1<|a_3-a_2|\leq2$

　$\therefore a_4=\frac{a_3+a_2}{2}=\frac{a_2}{4}+\frac{a_2}{2}=\frac{3}{4}a_2$

　$|a_4-a_3|=\left|\frac{3}{4}a_2-\frac{a_2}{2}\right|=\frac{a_2}{4}$이므로

　$\frac{1}{2}<|a_4-a_3|\leq1$

　$\therefore a_5=2a_4-a_3=\frac{3}{2}a_2-\frac{a_2}{2}=a_2$

　즉, $\frac{3}{4}a_2<a_2$이므로 $a_4<a_5$이다. (참)

ㄷ. (i) $0<a_2\leq1$일 때, ㄱ에서 $a_4-a_3=a_2$이므로

　　$a_5=2a_4-a_3=2\times3a_2-2a_2=4a_2$

　　즉, $4a_2=3$에서 $a_2=\frac{3}{4}$

　(ii) $1<a_2\leq2$일 때, $|a_2-a_1|=a_2>1$

　　$\therefore a_3=\frac{a_2+a_1}{2}=\frac{a_2}{2}$

　　$|a_3-a_2|=\left|\frac{a_2}{2}-a_2\right|=\frac{a_2}{2}$이므로

　　$0<|a_3-a_2|\leq1$

　　$\therefore a_4=2a_3-a_2=0$

　　$|a_4-a_3|=\left|0-\frac{a_2}{2}\right|=\frac{a_2}{2}$이므로

　　$\frac{1}{2}<|a_4-a_3|\leq1$

　　$\therefore a_5=2a_4-a_3=-\frac{a_2}{2}$

　　즉, $-\frac{a_2}{2}=3$에서 $a_2=-6$이므로 조건을 만족시키지 않는다.

(iii) $2<a_2\leq4$일 때, ㄴ에서 $a_5=a_2$이므로

　$a_2=3$

(iv) $4<a_2\leq8$일 때, ㄴ과 마찬가지로

　$|a_4-a_3|=\left|\frac{3}{4}a_2-\frac{a_2}{2}\right|=\frac{a_2}{4}$이므로

　$1<|a_4-a_3|\leq2$

　$\therefore a_5=\frac{a_4+a_3}{2}=\frac{3}{8}a_2+\frac{a_2}{4}=\frac{5}{8}a_2$

　즉, $\frac{5}{8}a_2=3$에서 $a_2=\frac{24}{5}$

(i)~(iv)에서 조건을 만족시키는 a_2의 값은 $\frac{3}{4}$, 3, $\frac{24}{5}$이므로

그 합은 $\frac{171}{20}$이다. (참)

따라서 옳은 것은 ㄱ, ㄴ, ㄷ이다.

참고

ㄷ에서 $a_2\leq0$인 경우 $a_5=3$인 조건을 만족시키지 않으므로 $a_2>0$인 경우만 생각한다.

MEMO